服装设计基础

（第2版）

主　编◎黄　伟
副主编◎吴佳耕
参　编◎戴　莹　胡朝江
主　审◎吴永红

内 容 提 要

本教材主要阐述了服装设计概念、设计原理、设计程序等相关专业知识，具体包括服装设计概论，服装造型设计原理，服装的点、线、面设计，服装的细节设计，服装分类设计，服装的风格设计，服装设计的程序，系列服装设计的相关内容。可以使学习者较全面地掌握服装设计的原理、方法及规律，内容深入浅出、环环相扣，理论结合实践，既可作为服装院校师生的专业教材，也可作为服装专业培训与服装专业技术人员的学习用书。

版权专有　侵权必究

图书在版编目（CIP）数据

服装设计基础/黄伟主编. —2版. —北京：北京理工大学出版社，2020.1
ISBN 978-7-5682-8089-1

Ⅰ.①服… Ⅱ.①黄… Ⅲ.①服装设计—高等职业教育—教材 Ⅳ.①TS941.2

中国版本图书馆CIP数据核字（2020）第020582号

出版发行 / 北京理工大学出版社有限责任公司
社　　址 / 北京市海淀区中关村南大街5号
邮　　编 / 100081
电　　话 / （010）68914775（总编室）
　　　　　（010）82562903（教材售后服务热线）
　　　　　（010）68948351（其他图书服务热线）
网　　址 / http://www.bitpress.com.cn
经　　销 / 全国各地新华书店
印　　刷 / 定州市新华印刷有限公司
开　　本 / 787毫米×1092毫米　1/16
印　　张 / 8.5　　　　　　　　　　　　　　　　责任编辑 / 王俊洁
字　　数 / 200千字　　　　　　　　　　　　　　文案编辑 / 王俊洁
版　　次 / 2020年1月第2版　2020年1月第1次印刷　责任校对 / 周瑞红
定　　价 / 27.00元　　　　　　　　　　　　　　责任印制 / 边心超

图书出现印装质量问题，请拨打售后服务热线，本社负责调换

前言

　　服饰是一个国家的文化表征，体现着一个国家的文化发展水平。服装设计集艺术、工程、销售于一体，并不是单纯的艺术创作行为，因而对服装设计人员所具备的专业知识及技能提出了很高的要求。服装设计的初级阶段是对一些基础技法和技能的掌握，而成功的服装设计师更重要的是应具备设计的头脑和敏锐的创作思维。为适应当前服装专业的教学，培养专业设计人才，我们加大力度进行课程整合，抛开了传统的知识体系，从服装起源、分类、功能、构成要素、设计程序、设计原理等方面进行系统的分析与讲解，开发学生的设计思维，以职业岗位活动为依据设计项目与任务。课程内容保持了职业活动的特殊性，打破了知识体系的完整性。在项目任务完成之后，在活动过程中对知识进行系统梳理，使学生得到相对完整的系统知识和定性理论。

　　本教材吸纳了国际上有益的教学内容与方法，结合我国现有的教学特色，既注重专业基础理论的系统性与规范性，又重视专业教学的多样性与可行性，运用浅显易懂、图文并茂的方式，使学生尽快进入服装设计的大门。展示了当代服装设计新的教学内涵，强化了教学的时代性、人文性和应用性特色。期望本教材能引导学生乃至一切学习服装设计的人，通过入门之路，明确专业基础学习的目标途径和方法，尽快进入服装设计的殿堂。

　　编者对近几年来研究与教学实践进行总结，力求从视觉语言角度进行构成训练。成果导向工作和学习过程设计是项目教学法的主要特征之一，相对传统的教学而言，项目教学具有以下突出特点：由学生自主负责实施完整的设计方案；学习的最终目的在于完成具有实际利用价值的成果与技能；为了完成作品，学生要把不同专业领域的知识结合起来。本教材的整体编排体现了职业教育课程改革的精华理念，做了一些创新性的探索，并取得了良好的应用效果；另一个特征就是学习的跨学科性，即所运用的知识、解决方案以及学习结果涉及多个专业领域。本教材巧妙地将服装的款式、色彩和面料这服装设计的三大基本要素融入其中，从服装基础点、线、面的构成进行设计分析，涉及服装造型、结构、细节设计、风格设计等，使培养目标更接近岗位能力需求。

　　本教材每一章节运用了大量的图片说明教学内容及设计方法，同时精选了大师们的优秀作品为范例，并在每一章的前面有教学重点与提要，提出了本章需要了解掌握的重点，在每一章后面附有思考题，旨在加强巩固所学章节的内容，拓展专业思考。

　　我国的服装业目前正由大众品牌时代向设计品牌时代过渡，正力图实现从世界服装生产大国向世界服装设计强国的转变。创国际品牌、提高产品附加值，有赖于我国服装业整体发展水平、设计研发能力等的提高，需要深厚的人文底蕴和历史积淀，更需要大量高素质的专门人才。按照行业发展与学科建设的需要来培养人才，是我们一直追求的目标。本教材针对服装设计专业中等、高等职业学校的学生，以岗位能力为导向进行编写，力求使学生能从服装设计的基础理论与基本方法入手，逐步深入设计实践，同时也希望对从事服装设计的专业人员有一定的参考价值。

  本教材在编写过程中引用和参阅了国内外相关典籍，有些图片由于时间、人力、物力原因未能一一注明出处及作者，在此向这些作者表达最诚挚的谢意。因编者水平有限，书中难免会有不妥之处，恳请同人、专家及广大读者批评指正。

编　者

【目录】CONTENTS

第一章　服装设计概论　　1

第一节　服装名词解释 …………………………………………………… 3
第二节　服装起源 ………………………………………………………… 5
第三节　服装分类 ………………………………………………………… 7
第四节　服装功能 ………………………………………………………… 16
第五节　服装构成要素 …………………………………………………… 17
第六节　服装设计的基本要素 …………………………………………… 20
第七节　服装设计程序 …………………………………………………… 22
第八节　服装设计师的基本素质 ………………………………………… 26
第九节　服装设计师的工作 ……………………………………………… 28

第二章　服装造型设计原理　　32

第一节　服装外轮廓及分类 ……………………………………………… 34
第二节　服装外形的表现形式 …………………………………………… 42
第三节　服装外形的演变 ………………………………………………… 44
第四节　服装外形视觉效果 ……………………………………………… 46
第五节　面料与服装造型 ………………………………………………… 48

第三章　服装的点、线、面设计　　50

第一节　点、线、面概述 ………………………………………………… 52
第二节　服装设计中点、线、面的运用 ………………………………… 56

第四章　服装的细节设计　　61

第一节　服装细节设计的视点与方法 …………………………………… 63
第二节　服装细节设计中造型要素的运用 ……………………………… 65
第三节　服装细节设计中零部件的设计 ………………………………… 71

第五章　服装分类设计　　　　　　　　　　　　　　82

第一节　服装分类设计概述 …………………………………………… 84
第二节　服装分类的方法 ……………………………………………… 85
第三节　常见服装的分类设计 ………………………………………… 89

第六章　服装的风格设计　　　　　　　　　　　　　　99

第一节　服装风格的内涵 …………………………………………… 101
第二节　服装风格的划分 …………………………………………… 102
第三节　服装风格的实现 …………………………………………… 106

第七章　服装设计的程序　　　　　　　　　　　　　110

第一节　设计过程 …………………………………………………… 112
第二节　设计稿的形式 ……………………………………………… 114
第三节　品牌成衣的设计程序 ……………………………………… 116

第八章　系列服装设计　　　　　　　　　　　　　　121

第一节　系列服装的设计条件 ……………………………………… 123
第二节　系列服装的设计形式 ……………………………………… 125
第三节　系列服装的设计思路与步骤 ……………………………… 129

第一章 服装设计概论

 知识目标

通过系统化的理论学习、实例分析、问题讨论等教学活动,使学生掌握服装设计工作必备的理论知识、工作规范、工作流程、技能和技巧,以服装企业和市场为依据,适用服装设计的基本理论、基本方法,提高解决服装设计实际问题的能力。

 技能目标

通过对服装设计程序的实例分析和理论讲解,使学生进一步掌握服装设计构思依据的六大要素。

 **情感目标**

1. 通过对服装起源、服装设计师的基本素质、服装设计师工作的讲解,激发学生对课程学习的兴趣和对服装设计专业的热爱。
2. 通过图示讲解、案例分析,使学生受到美和时尚的教育。
3. 使学生体会到学习服装设计是有规律和方法的,掌握这些规律和方法,就能更好地进行服装设计实践与创新。

第一章 服装设计概论

思维导图

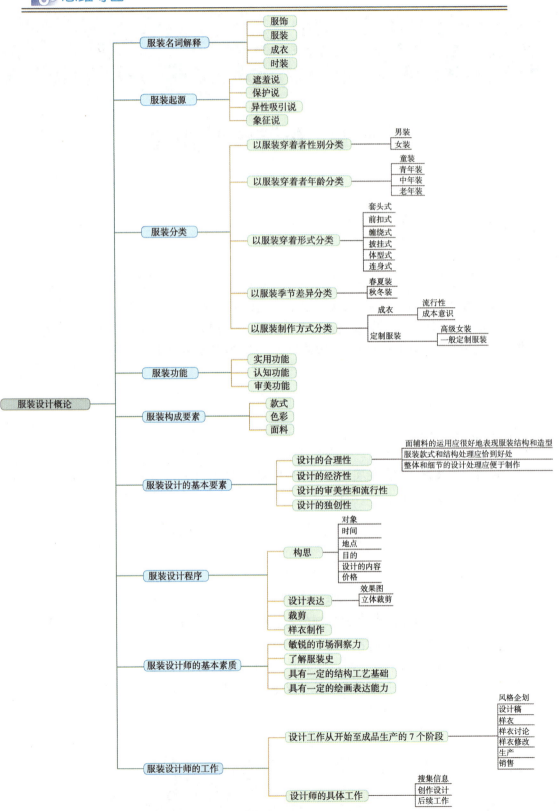

第一节 服装名词解释

服装在人类社会发展的早期就已出现,最早使用的缝制工具是骨针,人类最初的衣服是用兽皮制成的,围成圆筒状,是结构最简单的衣服,古代人把身边能找到的各种材料做成简单的衣服。服装工艺与服装都有着悠久的历史,都经历了由低级阶段到高级阶段发展的过程。追寻人类服装发展的轨迹,我们可以发现,人类服装缝制技术的发展伴随着服装缝制工具的进步、服装材料的丰富以及服装结构的变化而逐渐发展。

一、服饰

服饰(图1–1)是一个涵盖衣服和饰件的概念,包括人穿着的由内到外、由上到下的服装及与之相配套的装饰配件。

二、服装

服装的概念可从广义和狭义两个范畴来理解。广义的服装指任何附着在人体上,且肉眼可见的物体,也就是指穿着于人体上的物品总和。

这个定义包括了衣帽鞋袜和其他装束。广义的服装在材料上不仅仅局限于纺织物,其实一切与人体相联系的物质形态都可以涵盖在服装的概念中,或成为服装的组成部分。广义的服装概念能够拓展人们的设计思路,使人们对服装的材质、形态、搭配等进行大胆创新。

狭义的服装(图1–2)即衣服的概念,主要指用纺织物等各种软性材料制作的用于人们日常穿着的生活用品,是大众最易于接受的服装概念。

图1–1 服饰

图1–2 服装

三、成衣

成衣（图 1-3）是指按一定规格、号型标准批量生产的成品衣服，成衣作为工业产品，符合批量生产的经济原则，生产机械化，产品规模系列化，质量标准化，包装统一化，并附有品牌、面料成分、号型、洗涤保养说明等标识，成衣可分为大众成衣和高级成衣。

大众成衣生产量大、适合面广、价格较低，相对高级成衣而言，设计创意成分不高，平时人们穿的就是此类成衣。

高级成衣在一定程度上保留或继承了高级定制服装的某些技术，是以中产阶级为对象的小批量多品种的高档成衣。高级成衣与大众成衣的区别，不仅在于其批量大小、质量高低，关键还在于其设计的个性和品位。

四、时装

时装是服装的一个组成部分，但它在概念上不同于服装，差别在"时"。时装有时尚性、时代性，它包含了设计成分，能体现当时的时尚、流行潮流，同时也反映出设计师的创造性构思（图 1-4）。时装一旦过时，即失去它的时尚性，沦为一般性服装，价值也相应降低。

图 1-3　高级成衣

图 1-4　时装

第二节 服装起源

关于服装起源，至今尚无定论，研究者从不同的立场和出发点进行研究，得出的结论也不尽相同。因此，关于服装起源的学说产生了多种理论，主要有遮羞说、保护说、异性吸引说、象征说等。

一、遮羞说

遮羞说来源于宗教或社会礼教，这种理论认为，服装起源于人类的道德感和性别羞耻感。在《圣经》——《旧约全书》第一篇（创世纪）的创世篇中，关于亚当和夏娃的故事说明了服装的遮羞说含义，《圣经》这样写道："上帝创造了人，又用亚当的一根肋骨创造了夏娃。亚当和夏娃起初无忧无虑地赤身裸体生活在上帝的伊甸园中，后来由于蛇的引诱，他俩偷吃了禁果（善恶果），懂得了善恶、真假和羞耻，于是用无花果的叶子来遮羞（图1-5）。上帝知道后，一怒之下将他们赶出了伊甸园，这才有了人类。"人类从两性的生理差别造成了羞耻感，因而服装来源于人类要求遮羞的心理。对于服装的遮羞说，学术界有异议，有学者认为，所谓遮羞理论，实际上是现代人把现代的观点意识强加到原始人的身上，现在非洲原始部落的人并没有遮盖躯体以避异性的观念，因此，遮羞说并不能作为服装起源的学说。

图1-5 亚当和夏娃偷吃禁果

二、保护说

这种学说从生理角度出发，认为服装是人类在面对恶劣气候和其他有害物体时用来保护自己的一种措施，如因纽特人（图1-6）对自己的保护。在当时，烈日的暴晒、虫蛇的叮咬、寒冷的气候等多种复杂的因素时时刻刻都在威胁着人类的生存，原始人类为了生存而去狩猎、采集，又为了繁衍后代，从而要保证自己身体各部位特别是生殖部位的安全。最初人类通常在身上涂抹油脂和黏土，或在身上绘制花纹，后采用自然形态的物质，如树叶、花草、树皮遮蔽身体，再后来以兽皮、羽毛等制成服装、帽子和鞋子。经过漫长的历史变迁和人类文明进步，最后慢慢过渡到开始使用各种天然纤维和人造纤维制衣，这便具有了衣服的意义。

图 1-6 因纽特人

三、异性吸引说

异性吸引说认为服饰的起源与吸引异性有关。人类用衣物来装饰自己，特别是将性的特征装饰得特别突出，目的是吸引异性的注意，引起对方的好感。格罗赛在《艺术的起源》中认为："原始人对身体遮护首先而且重要的意义不是一种衣着，而是一种装饰品，为的是帮助人装饰从而得到异性的喜爱。"如今在一些非洲原始部落（图1-7）的舞蹈中，土著人的头上、身上、腰间都装饰很多饰物，如猛兽的牙齿、兽皮、美丽的羽毛等，都是出于吸引异性的目的。

图 1-7 非洲原始部落

四、象征说

这类学说认为，在原始社会中，族长或酋长、勇士、强者为了显示自己的力量和权威，将一些颜色鲜艳、形态醒目的物体装饰在自己身上，大多采用特别稀有的东西，如动物羽毛、猛兽牙齿、骨管等。印第安人（图1-8）颈后插一根装饰的鸟羽，皮靴跟拖一条狼尾，这并不是为了美观，而是象征其较高的地位。类似于这样的物体经过演变，慢慢就成为衣物和装饰品。原始土著人的文身、疤痕和毁伤肢体等行为也具有类似的作用。

图 1-8 印第安人

第三节 服装分类

一、以服装穿着者性别分类

1. 男装

与女装相比,男装(图1-9)在服装发展历史长河中所占的比例小许多,但男装也有其独特性,经历历史的不断变革,尤其是最近十年来的观念更新,使男装设计已具备相当完善的着装理念,男装已成为服装世界另一光芒四射的领域。

纵观服装历史,男装总体来说变化并不是很大,除了17世纪的巴洛克时代突出强调男装的奢华和明丽风格外,近代以来,男装的款式造型均以西装为主,设计风格也没有重大突破,主要体现男性的严谨和英武。

1967年,美国兴起的孔雀革命(Peacock Revolution)使男装在设计观念上有了突破性的飞跃,各种男用系列服饰设计风格不再拘谨和古板,也表现出了华丽和柔美。在尺寸、色彩、造型、面料等方面的变化使得男装显得丰富多彩。

通常认为男装是一种简单的重复设计,服装款式大同小异,毫无新意。然而,就在这看似简单的、规律性的男装变化中,其风格、品类的细化已成为不可阻挡的趋势。

图1-9 男装

2. 女装

女性永远是时尚的追逐者,是时尚的最大参与群体,而且永远是时装设计师密切关注的对象,因此女装设计在服装设计中占据非常重要的地位。

现代女装真正的变化起于20世纪20年代左右(图1-10),从最初的新样式运动、爱德华时代风格、新风貌、迷你运动、嬉皮、朋克、民族民俗……到世纪末的复古风潮、中性风潮和年轻风貌,设计风格经历了从古典主义、浪漫主义……到后现代主义、新浪漫主义这一过程。可以这么认为,20世纪的女装是服装历史上的绚丽瑰宝,成为时装设计师取之不尽、用之不竭的灵感源泉。21世纪前后在T形舞台上所发生的一切即证明了这一点。

现代女装发展中还有一种趋势不得不提及，那就是设计风格越来越随意性和街头化（图1-11）。由原先讲究秩序、平衡、对称等审美法则，转向非秩序、非平衡、非对称的混融效果，设计作品时把大量风格互不相关的元素堆积在一起，形成新的感觉，而且这股势头至目前为止还未出现减弱的趋势。以John Galliano、Alexander McQueen为代表的新一代设计师，从20世纪90年代起陆续发表了款式更大胆前卫、风格更具街头时尚的作品，为时装设计注入了新的活力。

图1-10 20世纪20年代的女装

图1-11 女装是服装设计的主体

二、以服装穿着者年龄分类

1. 童装

20世纪30年代以前，童装（图1-12）在款式、造型、色彩和细节上基本是成人服装的翻版，是成人的大衣、套装、裙装的缩小型号，毫无设计可言。自从现代童装设计于20世纪30年代确定以后，童装设计完全依照儿童的生理特点进行构思，童装设计也有了自己的流行趋势和发布会。童装设计师并不是一般成人服装设计师所能代替的，他们必须了解儿童的心理和生理需求，必须熟悉儿童的活动特征和规律，必须熟悉儿童身材的尺寸变化。总之，童装设计必须依照其独特的规律进行构思。

根据年龄和生理特点，儿童可分为乳儿期（出生12个月）、幼儿期（1~5岁）、学童期（6~12岁）、少年期（13~17岁）4个时期。每个时期的童装都有不同的特点，这需要设计师以一颗童心真诚地去探求儿童各个时期的心理和生理特点，从而把握正确的设计方向。

儿童一般都好动，加之儿童的生长发育很快，所以童装的款式造型要力求宽松舒适，外轮廓以H形和O形居多，例如，女童套装的收腰尺寸不应像成人服装那么紧窄。童装设计要求运用大量的图案装饰以满足儿童的好奇心理，常用图案包括动物、植物、大自然风景、文字以及大色块的抽象图案等。

第三节 服装分类

色彩在童装设计中占有相当重要的地位。童装色彩设计不能沿用成人的服饰色彩观点，因为在幼儿期和学童期，儿童一般对色彩相当敏感，尤其对明度和纯度高的色彩敏感，甚至对明度、纯度和色相形成对比的色彩也非常敏感，所以，这些色彩组合也是童装常用的色彩设计手法。乳儿期的儿童因为视觉功能还未发育完全，一般以浅色、粉色为主，而少年时期的儿童其色彩观念已经受到成人服装色彩的影响，因此常用的色彩不那么鲜亮。

图 1-12　童装

2. 青年装

这是指年龄居于 18~44 岁的消费群体所穿的服装。

青年装（图 1-13）一直是市场变化的主要方面，是流行时尚的晴雨表。服装流行的每一个痕迹都可以在这类服装中找到，时尚潮流的每一次涌动都有青年们的参与和推动，比较有影响力的有 20 世纪 60 年代声势浩大的迷你风貌、嬉皮服饰、70 年代弥漫全球的朋克运动，以及 90 年代由亚文化发展而来逐渐占领时尚舞台的街头服饰。可以说青年人对服装认识的变化支撑着服装的发展，正是青年人追逐新潮、喜新厌旧的心理推动了市场的发展。

对于设计师而言，了解年轻人的喜好，推出适合年轻人口味、价钱适中的产品，是赢得这一消费市场的成功秘诀。很多设计师除了设计一线产品外，还力推二线品牌，这是一个好策略。相对而言，二线品牌时尚感强、价位偏低、搭配自由，深受年轻人喜爱。许多大牌都有针对这一群体的二线品牌，如 Prada（普拉达）的 Miu Miu、Versace 的 Versus、Danna Karan 的 DKNY、Calvin Klein 的 CK 等，后起之秀 Marc Jacobs（Louis Vuitton 的主设计师）的 Marc by Marc Jacob 和 Stella McCartney（前 Chloe 主设计师）的 See by Chloe 等，都已成为时尚界的新宠，受到年轻人的追捧。

图 1-13　青年装

3. 中年装

中年装（图1-14）是指年龄居于45~59岁的中年人穿着的服装。这一年龄层的男女职业稳定、收入有保证，同时还担当着照顾老人、抚育下一代的重任，客观现实使他们无暇顾及过多的流行潮流，但他们也讲究穿着，对时尚的认识很有见地。他们喜欢简洁大方的款式造型和典雅柔和的色彩搭配，女性着装重在表现高雅气质，讲究质料和搭配；而男性则追求服装的精致和高品位，尤其是选择西装、衬衫、大衣时十分重视面料、里料、粘衬、纽扣、拉链等辅料的使用，做工也是男性着装品质的一种反映，所以制作要求较高。

另外，在这一年龄段，一般男女体型与年轻时相比变化较大，大多有了肚腩，体型也渐胖，所以在设计时要充分考虑他们的这一体型特征，运用服饰设计语言来修正其外观视觉。

图1-14 中年装

4. 老年装

这是指年龄在60岁以上的老年人穿着的服装。这往往是一个容易被忽视的着装群体，因为处于这一年龄段的人基本淡出社会，生活重心回归家庭，流行观处于比较保守的状态。随着全社会老龄化的逐步加块，老年着装问题将逐步凸现出来，老年人也需要有他们自己的服装语言，他们也需要用服装来装扮和美化生活。这块尚待开垦的服装设计领域具有很大的发展空间。

由于老年人的体型趋于肥胖，且多伴有些驼背，在造型上以宽松设计为主，款式简洁大方。考虑到老年人的审美要求，服装色彩以纯度相对较低的中性色彩为主，如果适当搭配些纯度、明度、亮度稍高的色彩，则能表现出一定的活力。

三、以服装穿着形式分类

1. 套头式

套头式亦称贯头式、钻头式。套头式服装是最早出现的穿着形式之一，例如古罗马人的Penura服饰就是这种形态，在衣料中央挖个洞套上即可。另外，还有一种服饰，是把两块布合起来，在肩部两端固定，从中间穿入，如古希腊Chiton、Peplos和古罗马的Stola服装。套头式服装在现代设计中应用广泛，日常穿着的T恤和大多数针织服装等均采用套头式。

2. 前扣式

胸前以纽扣或系结形式的服装都属于此类，这种着装形式源于欧洲，直到近代，我国的服装才广泛采用。由于脱卸方便，前扣式（图1-15）着装成为现代人主要的日常穿着形式，现代服装设计大都围绕这种形式而展开。

3. 缠绕式

这是用长方形或半圆形布把身体缠绕起来的着装形式，典型的有古罗马的托加（Toga）和印度的纱丽（Sari）。缠绕式（图1-16）着装基于对人体的缠裹，随着人体的扭动而造型多变，因此在充分展示创意理念的高级女装中使用广泛。立体裁剪是缠绕式着装采用的具体工艺手段。

图1-15 前扣式　　　　　图1-16 缠绕式

4. 披挂式

这是以大块布料披于身上的着装形式，如披风、斗篷、披肩、坎肩等。这种形式在东、西方服装历史上都曾出现过，而且造型和款式非常接近。

5. 体型式

体型式（图1-17）是近现代人常用的着装形式，这种着装基本上分成上下两部分（上装、裤子或裙子）。现代服装设计，尤其是成衣设计，绝大多数据此进行构思，这也是作为设计师所要研究的主要着装形式。

图1-17 体型式

6. 连身式

连身式（图1-18）是上下相连的着装形式，源于古希腊，如 Robe、Himation，现代阿拉伯长袍也属此类。连身式在现代服装设计中运用较广，一般晚装和连身裙均采用这种形式。

图1-18　阿拉伯长袍

四、以服装季节差异分类

1. 春夏装

这是指在春夏季节穿着的服装（图1-19）。由于春夏季相连，季节性气温差异不大，因此春夏两季服装有许多共性。反映春夏时装流行趋势的春夏季服装发布会一般在每年的9月召开。

春夏装基本上以手感柔软的薄型面料为主，包括丝、棉、麻、化纤等。春夏装主要款式包括上装、裙、裤和连身裙等，相对秋冬装而言，比较简洁明了，线条流畅舒展。春夏季服装设计能充分表现出女性的体型曲线，突出女性的身体部位，像颈、肩、胸、腰、腹、腿，都是设计师重点考虑的区域。在时装发展历史上常常以其中某一部位为设计重点，如1996年的露脐装，1997—1998年的吊带衫，1999年的高领露肩装，2002年的露臀沟裤。

如果认为秋冬装设计强调的是服装造型和穿着搭配，属于硬性设计的话，那么春夏装则是展示女性的优美曲线、表现服装的飘逸感和随意性，属于柔性设计。

图1-19　春夏装

2. 秋冬装

这是指在秋冬季节穿着的服装（图1-20）。市场上秋冬服装销售期很长，从每年8月底9月初上柜直至春节过后都在销售，由于销售的品种多，价格相对春夏装高些，所以秋冬季服装一直是商家的主力产品，也是设计师应该重点关注的方向之一。国际上秋冬季服装发布会一般在每年的1月和2月召开，国内市场销售一般从9月下旬至次年的2月。

秋冬装基本以呢绒及化纤面料为主，辅以皮革、毛皮等，质料厚实。款式以套装为主，还有大衣、风衣、夹克等。秋冬装不易展露女性体型特征，因此较注重表现服装的造型和穿着搭配。

图1-20　秋冬装

第三节 服装分类

纵观服装的发展历史,服装流行的大轮廓造型,如 A 形、O 形、H 形、Y 形等都是以秋冬装推出的。同时,由于单件品种较多,又易于组合搭配,所以在设计上秋冬装要明显区别于春夏装。

五、以服装制作方式分类

1. 成衣

成衣(图 1-21),是指工业化生产的服装,我们日常生活的穿着都属于成衣,可分为大众成衣和高级成衣。

在 20 世纪前半期,人们的着装主要来源于手工定做。自 20 世纪 60 年代起,成衣有了突破性进展,这主要是因为服装加工设备的大量面世,消费群体趋于年轻化。此外高级女装定做市场日渐式微,高级女装品牌和设计师不得不开辟成衣市场,皮尔卡丹捷足先登,其后众多大牌设计师也随之而入,加上现代缝制设备的使用,使得成衣在设计水平、品质、形象都上了一个台阶。价格则由于生产力的提高和批量化作业而大幅降低,高级女装不再是少数人享用的奢侈品,而是物美价廉的日用消费品。20 世纪 80 年代晚期,成衣已逐渐替代了高级女装,成为服装业的主力军。

目前世界上较为著名的成衣博览会有法国巴黎的成衣博览会和德国杜赛尔多夫的成衣博览会,它们因规模大、档次高而驰名世界。

图 1-21 成衣

从事成衣设计应注意以下两点:

(1) 流行性

流行性是成衣设计的灵魂。服装设计是时尚的艺术,其流行有规律可循。掌握流行规律、反映流行趋势(图 1-22)就能使设计作品在市场上畅销。因此成衣设计要求设计师深入了解市场所需,了解普通消费者的审美情趣和价值,在设计上多反映市场的流行特点,而不是过多体现自己的设计个性。

图 1-22 流行趋势

13

（2）成本意识

精简、经济是成衣设计成本意识的集中体现。成衣的消费对象是广大普通消费者，这就决定了其设计、生产必须以最低的成本来体现最完美的形象。高级女装设计可以不计成本，大量采用唯美主义的设计手法，而成衣则不同，过多的装饰、衣料和工艺结构只能增加产品的附加值，使之缺乏市场竞争力。如果市场上卖不出去，再好的设计也只能束之高阁。

2. 定制服装

定制服装根据定制的性质又分为高级女装和一般定制服装。

（1）高级女装

高级女装属于法国独创的时装艺术，它是展现设计师独特风格、设计思想及高超工艺的一种服装形式（图1-23）。高级女装的创始人是英国人查尔斯·费莱德里克·沃斯（Charles Frederick Worth, 1826—1895年），他于1846年来到法国，并于1858年在巴黎创建了世界上第一家服装店，他所做的服装是最早的高级女装，当时的客户是拿破仑三世的皇后和地位显赫的宫廷夫人们。沃斯展示的是自己的设计，他为每位顾客定制一个与其体型尺寸相同的人体模型，这些都有别于一般的服装店的业务，因此沃斯的服装店被称为"Haute Couture"。沃斯于1868年组建了世界上最早的时装设计师协会——时装联合会。该协会于1936年重组，定名为高级女装协会。沃斯因为对现代服装业的发展作出了重要的贡献而被后人誉为"高级女装之父"。

图1-23 高级女装具有独特的艺术性

从19世纪末到20世纪中期，这段时间是高级女装的辉煌时期，保罗波列（Paul Pioret）、维奥内特（Vionnet）、爱尔莎·夏帕瑞丽（Elsa Schiaparelli）、格雷夫人（Madame Gres）、珍妮·郎万（Jeanne Lanvin）、克里斯蒂安·迪奥（Christian Dior）、可可·夏奈尔（Coco Chanel）、圣罗兰（Yves Saint Laurent）等都为高级女装的发展作出了一定的贡献。由于20世纪60年代服装的大批量生产，使高级女装日渐萎缩，至80年代晚期呈现出疲软态势。

有一组数据可说明高级女装的变迁过程：1946年106家、1952年60家、1958年36家、1967年19家。2000年年初，代表高级女装辉煌过去的圣罗兰正式宣布退休，这预示着一个追求古典、优雅、精致、华丽设计美学时代的结束。

进入21世纪，高级女装显示出新的发展趋势，表现在数量上有所增加，截至2003年，巴黎和罗马两地的高级女装品牌数量分别为20个和19个，一共39个。设计师的构成更为年轻化，例如，John Galliano（约翰·加利亚诺）（图1-24）、Macdonald（麦克唐纳）、Elie Saab（艾莉·萨博）等，他们的设计手法、造型风格和美学观念比前辈更为年轻、时尚和前卫。

高级女装属特殊的定制服装，按法国高级女装协会规定，高级女装品牌有一些特殊的要求：

① 在巴黎设有设计工作室。
② 完全由手工制成。
③ 量身定做，需多次试样。
④ 每年1月和7月召开两次发布会，每次发布会展出不少于75件日装和晚装。
⑤ 常年雇用3人以上的专职模特儿。
⑥ 常年雇员不少于20人。

图1-24　John Galliano高级女装

因此，高级女装价格异常昂贵，全世界有能力享用的顾客仅2 000人左右，她们大多是皇室成员、名媛贵妇、歌星影后等，属特殊的消费群体。

高级女装设计与一般定制服装设计在构思上完全不同，其设计思想概括为以下两点：

1）个人风格和设计创意是高级女装设计的重点

早在1868年高级时装设计师协会——时装联合会成立时，沃斯就明确了高级女装的唯美论倾向：为体现设计风格和效果，不计成本。因此高级女装设计突出设计师的个性发挥，纵观法国20个高级女装品牌，均各具特点，Valentino（瓦伦蒂诺）带有浪漫的贵族气息，Paco Rabanne（帕高）的设计颇具前卫意识，Y·S·L则是成熟、高贵的贵妇人象征。

2）豪华、浪漫的贵族气息是高级女装设计的特征

高级女装（图1-25）享用者均出自名门，其身份象征正合乎高级女装的各个方面，因此高档的面辅料、繁复的结构、一流的做工、夸张的造型、精巧的装饰工艺构成了高级女装的设计特征，有的高级女装甚至用无数珠片制成立体的葡萄串装饰在晚礼服上，令人惊叹不已。

图1-25　高级女装

（2）一般定制服装

一般定制服装指消费者不满足于市场上的服装款式和尺寸要求，而是根据自己的喜好和尺寸，参照流行趋势，由裁缝师傅或自己制作成的服装。

第四节 服装功能

由于人具有社会属性和自然属性,因而,与人类关系密切的服装在功能上也具有这两方面的特征。服装是人类生活中最基本的需求之一,它在整个社会精神生活和物质生活中占有重要的地位,因而服装的功能性是不可忽视的。服装具有多种功能,大致可以分为实用功能、认知功能和审美功能三种。

一、实用功能

服装被称为人的"第二层皮肤",可见服装与人的关系之密切,因为服装的基本功能决定了这一关系。服装最基本的功能是御寒、护体和防御外物伤害。在人类社会发展的初期阶段,服装首先在人类的生存中起到保护身体的作用。而后在从事采集、渔猎、农耕等生产和日常生活中,服装逐渐具有携带、系结等实用功能并延伸至今,如服装上的口袋、腰带等都体现了服装的实用功能。

由于在文明社会中,社会道德和礼仪要求人们将身体的某些部位遮掩起来,服装则具有了遮体的实用功能。这种实用功能不仅来自社会的客观要求,而且是人们羞耻心理的反映。因此,服装一方面能够满足人们的物质需求,是人类生理健康发展的基础;另一方面,服装的遮羞功能又能满足人们的心理要求,这不单纯是一个社会现象,还包含着丰富的内涵文化。

二、认知功能

服装除了御寒、蔽体的实用功能之外,在人类的社会生活中还扮演着认知功能。所谓认知功能,就是从人的着装上可以解读出穿着者的年龄、性别、婚姻状况、社会地位、社会阶层、经济状况、生活地域、民族、宗教信仰以及心理状况、审美情趣等。

从这个意义上说,服装也是一种符号,这种符号功能就是人类用服装来扮演各种角色,并如实地反映穿着者的内在特征,也是自我形象的重要组成部分。

三、审美功能

服装不仅具有实用功能和认知功能,还具有审美功能(图1-26)。服装是人们审美情感的表达,是塑造形象美的重要手段。随着社会的发展,服装已经不仅仅是御寒保护的工具,更重要的是,人类需要通过服装满足其对美的要求,创造自身的个性美。正是因为服装具有审美功能,才使得当今世界人们的服装多姿多彩,并不断翻新出奇。

图1-26 服装具有审美功能

第五节 服装构成要素

构成一件服装需要多种要素，如材质、色彩、款式、结构、工艺制作、整体搭配等。从设计的角度看，设计服装时要考虑的最基本的要素是款式、色彩和面料，这三个要素决定了服装的基本造型，被称为服装设计的三大构成要素。

 款式

服装款式（图1-27）亦称为服装样式，是服装造型设计的主要内容，包括外轮廓结构设计、内部结构设计和细节设计三大类。

一件服装是否实用、美观，在很大程度上与服装款式密切相关，而服装款式首先与人体结构的外形特点、活动功能有关，同时又受到穿着对象与时间、地点、环境等因素的制约，因而在进行服装款式设计时需要做全盘细致的考虑。

外轮廓结构设计是决定服装造型的主要因素，具有多种分类命名方式，如以字母命名、以几何造型命名、以具体事物命名、以专业术语命名等。在确定服装外轮廓时，要注意其比例造型是否和谐、美观。这一部分在第二章有详述。

服装内部结构设计主要是指服装外轮廓线以内的分割线条，这些线条按其功能可分为结构线条和装饰线条，在设计中要遵循一定的形式美法则，使其分布合理、协调。

服装细节设计又称服装零部件设计，一般包括领型、袖型、口袋、纽扣、腰带以及其他附件。在进行服装细节设计时，要考虑其布局的合理性，既要完成服装零部件的功能性，也要符合服装审美的协调性。

图1-27 服装款式

二、色彩

服装色彩（图1-28）是服装设计中的一个重要方面，在服装美感因素中占有很大的比重。服装给人的第一印象往往是色彩，在日常生活中，人们往往首先根据服装色彩及配色来判断整个服装的优劣。服装中的色彩因素无论在影响人们的视觉还是在控制人们的情绪上，都具有明显的作用。不同的色彩及相互间的搭配能够使人产生不同的视觉和心理感受，从而引起不同的情绪及联想，而且色彩本身就具有强烈的性格特征，具有表达各种感情的作用，服装的色彩美感又与时代、社会、环境、文化等密切联系。所以在设计服装时，不仅要仔细研究色彩理论，更重要的是要了解时尚特点及流行文化等诸多内容，只有这样，才能够准确把握时代脉搏，创作出更好的服装设计作品。

另外，服装图案也是色彩变化和搭配非常丰富的部分，不同的图案、不同的表现手法都体现了不同的风格及内涵，这也是需要在设计中仔细推敲的内容。

图1-28 服装色彩

三、面料

服装面料（图1-29）是服装最基本的物质基础，无论是款式还是色彩，都不能脱离服装面料而单独存在。服装实用性和艺术性的发挥，都需要通过服装材料体现出来，因此，当今社会的服装对面料质量，尤其是对其外观的要求越来越讲究。随着技术的发展，服装面料的花色、品种越来越丰富，这为服装设计的发展提供了良好的物质条件。面料的疏密、厚薄、软硬、光度、挺度、手感、弹性不同，制作成型的服装在风格、造型上也都有所不同。服装材料具有各自的外观美及特有的肌理效果，因此在设计服装时，不仅要考虑面料本身的特性，还要从面料的美感特征出发，使服装的实用性与审美性相结合，从而全面提升服装的品质。

服装面料按其原料来源可分为天然纤维织物和化学纤维织物，决定面料质地的因素主要有纤维类别、组织结构和表面处理三种。

图1-29　服装面料

第六节
服装设计的基本要素

一件优秀的设计作品应具备以下几点基本要素：

一、设计的合理性（图1-30）

服装设计面向广大不同类型的消费者，设计师必须站在消费者的立场，依据设定的消费群体进行构思设计，为了做到这一点，应使设计具备合理性。

设计的合理性表现在以下几点：

1. 面辅料的运用应很好地表现服装结构和造型

不同的面辅料适用于不同的服装结构和造型。薄料适合松软造型，例如，薄纱、雪纺在表现浪漫主义风格的春夏少女装时效果最佳；而厚料则适合于硬挺轮廓，如皮革料、铜钉制成的夹克，配裤装能一展女性的英武之气。

图1-30　设计的合理性

2. 服装款式和结构处理应恰到好处

这主要体现在技术运用的合理性上。设计服装并不是无谓堆积，而是有的放矢，使款式和结构达到完美统一。为做到这一点，设计师应该多研究不同人体的体型结构，多观察普通消费者的着装，多与样板师、样衣工和穿着者沟通，在实践中不断摸索并积累经验。只有这样，才能在设计中驾轻就熟，处理好款式设计和结构工艺之间的关系。

3. 整体和细节的设计处理应便于制作

服装设计毋庸置疑应具备一定的独创性，从而增加服装的附加值，高级女装的价格动辄几十万，有其合理之处。但服装制作归根结底属于商业行为，其设计应在表现创意的同时，也要考虑到生产制作的方便，过于烦琐的做工和装饰只能加大生产成本，影响制作进度，最终将使产品缺乏竞争力。高级女装毕竟只有极少数人能消费，而大众才是消费的主体。

第六节 服装设计的基本要素

二、设计的经济性

所谓服装设计的经济性,就是指服装设计师要考虑到经济核算问题,考虑服装原材料的费用、服装生产成本、服装产品价格、运输、储藏、展示、推销等费用的便宜合理,在一般情况下,力求以最小的成本获得最适用、美观和优质的设计。现代服装设计的一个重要特征就是它关注大多数人的需求。即便是为少数人设计的高级服装,也要考虑成本的问题。

三、设计的审美性和流行性

服装设计隶属于实用艺术范畴,服装设计区别于其他门类设计,它是以人为基础,是为穿着者塑造出具有时代性和艺术性的一种设计,没有美感和时尚感的服装称不上时装,所以设计作品应体现一定的审美性和流行性(图1-31)。服装设计师的职责就是将美感和最新时尚带给普通消费者。

四、设计的独创性

设计上应具有一定的原创性(或独创性)(图1-32),这是设计作品赖以生存的关键。如Dior(迪奥)的大气、Chanel(香奈儿)的高贵、Christian Lacroix(克里斯汀·拉克鲁瓦)的绚烂、John Galliano的(约翰·加利亚诺)的反叛、山本耀司的中性、Helmut Lang(海尔姆特·朗)的简约、Roberto Cavalli(罗伯特·卡沃利)的艳媚,设计大师们以独具匠心的设计为我们展示了多姿多彩的服装设计艺术,同时也表明了设计独创性的重要性。

图1-31 设计的审美性和流行性

图1-32 设计的独创性

第七节 服装设计程序

服装设计程序是指从构思、设计到裁剪、样衣制作这一过程。

 构思

构思是对设计的总体把握。在设计中,设计师可以充分发挥想象力,构思一个个特定场合下的形象,比如,去休闲逛街或者参加派对的少女(图1-33),或在高档写字楼里工作的白领女性,设计女性在这种场合下应穿何种服饰,构思出廓形、色彩、款式、面料、图案,等等。同时,构思还要结合调研所得到的流行时尚信息。

服装设计师构思新颖款式可依据以下6大要素,简称5W1P。5W即对象(Who)、时间(When)、地点(Where)、目的(Why)、设计的内容(What),1P即价格(Price)。

1. 对象(Who)(图1-34)

服装的美依赖于人的存在,由人的穿着来体现。俗话说量体裁衣,这个"体"字就其广义而言,包含着穿着者的年龄、性别、职业、爱好、体型、个性、肤色、发色、审美情趣、生活方式、流行观念等因素,尤其在处于表现自我、凸显个性的时代更应如此。不同的"体",就需要有不同美感的着装形式来表现,不能不分对象而千人一面,因此,一件构思成熟、做工精湛、色彩和谐的服装必须能充分体现出穿着者的内在美和外在美。

图1-33 休闲逛街的少女

图1-34 对象

2. 时间(When)

服装是时令性很强的商品,设计作品应区别出不同季节、不同气候、不同时间段的不同款式特征。服装款式往往随着时间的变化而改变,春夏装、秋冬装的不同称谓正说明了服装的时间特性。

我们把正在流行的服装称为时装。时装不同于服装，时装包含时间、周期这些内在因素，今天正流行的时装，明天就可能成为过时的服装，像流行哥特、巴洛克、洛可可等复古题材的服装，也只能在被注入了现代人的意念和设计语言的前提下，才能风靡一时。因此，时间性被称为时装的灵魂。

3. 地点（Where）

服装和地点的关系很大，不同地点需要有不同款式的服装相适应，诸如国内和国外、北方和南方、室内和户外、热带地区和温带地区、都市和乡下、办公室和居家等相互不同概念的地点。此外，因为服装的地点因素还涉及不同的场合环境，这也需要变换着装，诸如出席会议、参加庆典、应聘、出国、吊唁、婚礼等比较正式的场合，在穿着上与日常生活着装应有明显差异。

4. 目的（Why）

服装穿着从来就具有目的性，远古时代的保护、吸引、性差、装饰等不同目的论即证明这一点。现代服装设计更加强了功能研究，使不同服装表现出其特定的穿着目的。工作衣体现了安全、舒适的功能；运动衣适应锻炼身体之用，西装革履是正规场合的理想穿着……许多欧美国家的办公室里醒目地张贴着"穿着时髦勿入"的字样，旨在提醒员工既然来上班，就切莫穿得花枝招展。因此在设计服装时，不妨为穿着者设想一下，穿这套服装的目的何在，他或她的社会角色如何。

5. 设计的内容（What）

设计的内容包括款式、色彩、结构、面料、图案、细节、搭配等。既要有流行的元素（图1-35），也要包含风格的把握、形式的追求等审美上的感觉；既有整体造型的感觉，又有细节的处理。它是设计师设计思想、流行观念、市场意识的综合表现。

图1-35　流行的元素

6. 价格（Price）

服装设计有别于纯艺术，它是以市场和消费者的认可来体现其价值的。好的设计应做到用最低的成本创造出最佳的审美效果，设计师应在设计中尽可能减少不必要、不合理的装饰细节，工艺上也应该避免琐碎和繁杂，控制好成本，以求实用和美观的完美结合，使产品具有最强的市场竞争力。

此外，设计时还应考虑到材料、加工、运输、广告宣传、公关、模特等费用。

二、设计表达

设计师表达设计构思有以下两种方法：效果图和立体裁剪。

1. 效果图

这是设计师普遍采用的一种表现方法，一张纸、一支笔，就能表达设计构思，简便易行且效率高。随着电脑设计软件（Photoshop、Illustrator、Coreldraw、Painter）和服装CAD技术的不断推广和应用，在电脑上进行款式造型设计也成为一种辅助手段，不必用笔和纸就能设计许多款式，包括各类毛衫等。

2. 立体裁剪（图1-36）

这种方法主要用于一些造型较为特别，尤其是高级礼服的设计中。在构思立体造型设计时，采用平面裁剪的结构形式往往受到表达上的限制，不能比较精确地表达设计师的意图，所以必须采用立体裁剪，先用坯布作出布样，然后在布料上成型。立体裁剪的优点是具有实感性，造型感强烈，能表现出独具匠心的款式造型。英国设计师Alexander McQueen毕业于伦敦圣·马丁艺术学院，他的结构工艺基础扎实，擅长缝制工艺，他在设计中往往直接在模特或人体上裁剪缝制。

图1-36　立体裁剪

三、裁剪

裁剪包括对设计构思进行结构处理和对所用面料进行裁剪这两个部分。负责纸样的结构设计师俗称样板师，他在这一阶段起很重要的作用，忠于设计构思原意，准确打出纸样是其职责。为了能准确反映设计师的原意，样板师须与设计师经常沟通，同时他还需要对完成设计构思的样衣制作进行指导。

四、样衣制作

样衣制作也是服装设计表达中极为重要的一环，能使构思更趋于合理，从中发现处理得不合理的地方，并及时解决。制作样衣所用面料分白坯布和实际面料。对制作面料成本较高、制作工艺有难度的服装，先使用白坯布，待白坯布样衣成型后，再制成实际样衣，这样能使样衣更精确。

第八节 服装设计师的基本素质

服装设计师的基本素质，归纳下来有以下几点：

敏锐的市场洞察力

艺术大师罗丹曾说："对我们来说，不是缺少美，而是缺少发现美的眼睛。"

发现美并将美的思考化为具体的款式（图1-37），这就是设计师必须做的工作。与纯粹的艺术形式不同，服装设计师是商业化很强的实用艺术，设计师的成功与否取决于服装是否在商场成功畅销，消费者是否接受。意大利名师Armani原本学医，他能取得今天的业绩，与他入行前从事多年的销售工作分不开，正因为他了解消费者的心理，才会在设计中满足他们的需求。其他品牌，如Gucci（古驰）、CK（卡文克莱）等，其巨大的市场影响力来源于消费者对于设计师的认同感，反之，也说明设计师对消费市场有精准的把握。

图1-37 把美转化成具体的服装款式

了解服装史

现代服装发展史呈循环往复的过程。纵观近现代服装的发展历史，可以发现，每次流行的元素都可以在服装历史上找到相应点。的确，服装的流行蕴藏着文化行为，它是历史的积淀，类似在20世纪20年代、50年代、60年代、70年代、80年代……所发生的诸多时尚潮流均成为设计师设计灵感的散发源，成为启迪思路的一个重要方面（图1-38）。

了解服装史，是为了在高起点上把握服装潮流，结合现代设计理念，表现出着装的新形象、新感觉。盛行于21世纪前后的设计理念Mix & Match（混融）就要求设计师对服装历史的各个阶段有充分的了解和认识，能将各种互不相关的元素融合在一起，产生新的视觉形象。John Galliano、Christian Lacroix都是这方面的高手，他们的作品给予我们很好的借鉴。

图1-38 历史元素的融合

三、具有一定的结构工艺基础

一名优秀的设计师应具有一定的结构工艺基础知识,这是为了更好地把握服装造型,设计出合理的装饰细节,丰富的结构工艺基础知识也有利于设计创造。英国设计师 Alexander McQueen(亚历山大·麦昆)的设计很能说明问题,许多美轮美奂的服装精品均出自其亲手缝制(1-39)。

图 1-39　Alexander McQueen 的服装

四、具有一定的绘画表达能力

绘画表达是体现设计师结构构思的主要手段,设计师在画纸上表达服装造型、款式和装饰图案,这样有利于对设计作出评论和判断。许多设计师本身就是具有一定造诣的艺术家,如 Karl Largerfeld(卡尔·拉格斐)、Y·S·L、Christian Lacroix 等,他们的设计稿本身就是具有很高水准的画作。

第九节 服装设计师的工作

20世纪初，法国著名服装设计师保罗波列（Paul Poiret）曾说："我们的角色和职责是当他（消费者）对自己所穿的服装感到厌倦时，我们出现了，准确地、经常性地提出我们的建议，来满足他们的口味和需要。作为一个设计师，我只是比他们多一副触角而已……"波列的话语明确点出了设计师的工作性质，道明了设计师的具体工作：以人作为对象，运用艺术手法和工艺技术，创造出全新的美的形象。

设计工作从开始至成品生产的7个阶段

在服装公司，设计工作是整个公司的灵魂，它对企业的兴衰起着重要的作用，每个部门都与设计部有千丝万缕的联系。设计工作从开始至成品生产大体有7个阶段：

1. 风格企划

成品上市前的整体风格、外形、款式、搭配、色彩、面辅料企划。

2. 设计稿

针对风格企划提出具体的款式设计稿。

3. 样衣

从设计稿中挑出一部分制成样衣。

4. 样衣讨论

召集销售、生产管理、技术等相关部门人员，对制成的样衣进行讨论，提出改进意见。

5. 样衣修改

参照各方面意见修改样衣。

第九节 服装设计师的工作

6. 生产

技术人员参照样衣制定生产工艺流程、数量和生产周期并组织生产。

7. 销售

销售人员制定销售战略并准备进入市场专柜销售。

二、设计师的具体工作

在这 7 个阶段中,服装设计师是主角,他在其间的具体工作可以分为 3 个大类:

1. 搜集信息

这是最为基础的工作,为了使自己的作品具有独创性,并且能在市场竞争中取得佳绩,设计师往往需要走出设计室,亲临国内外各地采风调研,这能为设计师提供第一手的市场和流行资料(图 1-40)。

图 1-40　搜索信息

第一章
服装设计概论

搜集信息可以通过调查、交流、观察、参加各类活动等方式来实现，包括搜集现实生活中普通人的时尚品位和特定消费群体的着装爱好。酷爱旅行的意大利设计师 Romeo Gigli（罗密欧·吉利）曾到印度和非洲旅行，并从当地人的服饰获得灵感进行构思，设计了印度和非洲风情系列。Armani（阿玛尼）具有浓郁的中国风格的 2005 年春夏设计就得益于他 2004 年的中国之行。

另外，还可以参加各地各类性质的博览会（分男装女装、运动衣、童装、休闲服、内衣、沙滩装、服饰品、鞋、帽及各类面料等），国内较为著名的有北京中国国际服装博览会、上海国际服装文化节等。国际上著名的博览会如巴黎春秋女装展、欧洲春秋季成衣展、德国国际面料展、巴黎第一视觉面料展、巴黎现成服装展、米兰针织服装展览等都值得一看。

在巴黎、米兰和法兰克福等世界大型时装之都的成衣博览会上，一般能捕捉到最新的时尚信息，包括下一季流行的款式造型、风格取向、流行色彩、服饰搭配和最新面料辅料等。相对而言，巴黎和伦敦的设计师作品偏向于艺术性和前卫性，而米兰、法兰克福和纽约等地的设计师作品更倾向于可穿性、实用性，更了解市场的需求。

2. 创作设计

了解了流行的总体趋势和消费者的品位，就会使设计师的工作更有针对性，调研结束后，设计师就会转入设计室，展开构思创作。

一般设计师可能需要画十几幅甚至几十幅草图，从中选出几张做样衣。为完成效果图上的款式设计，设计师需要结构工艺师和样衣工的协作，这样能使设计锦上添花。为了使设计作品具有市场竞争力，样衣往往需要经过多次修改，甚至重做和重新设计。完成样衣并非大功告成，还需听取公司产品销售员的意见，他们能用市场的眼光看待设计，诸如成本、价格、商场因素和相关品牌的动向等设计师欠考虑和构思不成熟的因素，这样能使成品更具有市场竞争力。因此，设计构思只是设计师工作的一小部分，设计师还需要花很大精力与设计助理、结构工艺师、样衣工和销售员相互协调，交流看法。

3. 后续工作

跟踪已销售款式是设计师必须重视的一大工作。设计师完成设计，成品出厂上柜，这并不代表设计师的工作已经结束，而是设计的延续。

一种款式设计得好坏直接影响到销售业绩，需要跟踪调查。设计师可以不间断地走访经销商或到商场实地观察体验，从中进行分析研究，建立设计档案，由此提高驾驭市场的本领，以避免陷入感觉设计不错而销售极差的尴尬境地。

一般来说，设计师一年的工作流程如表 1-1 所示。

第九节 服装设计师的工作

表 1-1　设计师一年的工作流程

1月份	2月份	3月份	4月份	5月份	6月份	7月份	8月份	9月份	10月份	11月份	12月份
设计初秋时装系列		制作样品	样品进入样品间展示		研究春装色彩和面料流行趋势	设计春装系列	制作样品	样品进入样品间展示			研究初秋色彩和面料
采购秋冬季面料样品，同时设计与构思		研究秋冬和圣诞、春节等服装色彩和面料	设计秋冬及圣诞春节等服装	制作样品	5月下旬至6月上旬间歇期			研究夏季色彩和面料流行趋势		制作样品	
做夏装的推广工作								做秋装的推广工作		设计春夏系列	
巴黎春季女装展		欧洲春秋季成衣展		德国国际面料展				巴黎秋季女装展	欧洲春秋季成衣展	德国国际面料展	

【思考题】

1. 解释服装和时装。

2. 简答关于服装起源的几种学说。

3. 服装有哪些分类？

4. 服装有哪些功能？

5. 简述服装三大构成要素。

6. 服装设计师的基本素质有哪些？

第二章 服装造型设计原理

知识目标

了解服装造型设计中外轮廓的概述以及不同廓形分类等相关基本概念。明确服装外形不同的肩、腰、下摆带来的不同表现形态。熟悉服装外形从古代到现代的历史演变。学习不同外形视觉效果以及不同面料对廓形的影响。

技能目标

掌握服装外形的基本概念，理解并且识记什么是廓形，同时能够识别不同廓形分类的特点。掌握服装肩部、腰部、裙摆三大部位对服装带来的造型影响以及不同面料、不同风格带来的视觉效果变化。

情感目标

培养学生作为服装设计师应具备的基本素质和文化修养，培养设计师在服装造型设计中识别不同分类、选择最佳造型方法的能力，提高学生对服装设计的热情和期待。

思维导图

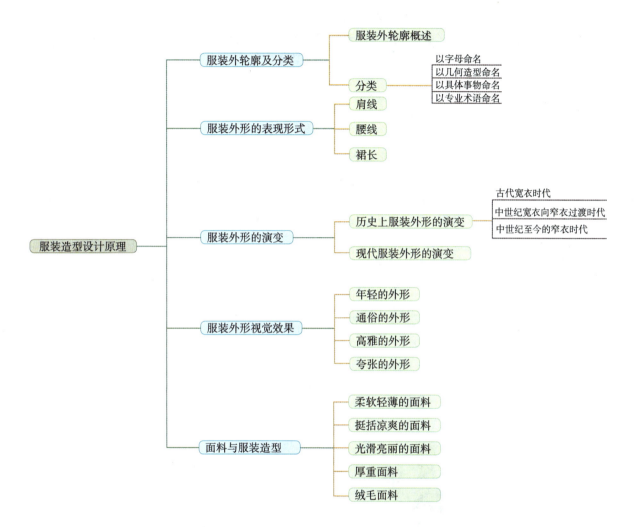

第二章 服装造型设计原理

第一节 服装外轮廓及分类

一、服装外轮廓概述

外轮廓（Silhouette）原意是影像、剪影、轮廓、侧影，而在服装设计中引申为外形、外廓线、大形、廓型等意思。Silhouette 一词源自法国路易十五时期的财政大臣 Etienne de Silhouette（1709—1767 年）的名字。一种说法是此人因实施极端的节约政策而受到普通民众的嘲笑，民众将他的肖像画成黑色的轮廓漫画形式加以讽刺，Silhouette 逐渐演变成剪影和侧影等含义；另一种说法是这位大臣喜画自己的肖像，所以将自己的外轮廓肖像称为 Silhouette。服装外轮廓（图 2-1）是一种单一的色彩形态，人眼在没有看清款式细节以前，首先感觉到外轮廓，这说明了服装外轮廓的重要性。

服装外轮廓千变万化，但无论款式如何新奇、结构如何复杂，首先映入人的视线的就是外轮廓线，它能非常直观地传达服装的最基本特征（图 2-2）。每季服装流行的变化都以外轮廓的确立而展开，服装外轮廓是时代的一面镜子，可以认为外轮廓特征和演化发展能反映出社会政治、经济、文化等不同方面的信息。不同的外轮廓又能体现出不同的外观视觉效果，使人产生不同的审美情趣，紧窄与宽大、合体与松身、超长与迷你……不同的外轮廓都能找到相对应的感觉。

图 2-1 服装外轮廓①

图 2-2 服装外轮廓②

二、分类

服装外轮廓有以下几种分类：

1. 以字母命名

如A形、V形、H形（图2-3）、X形、S形、O形、Y形、T形等，这种常见的分类，它以英语大写字母为名称，形象生动。其中A形、V形、H形、X形被称为服装的四大造型（图2-4）。

图2-3　H形服装

图2-4　服装的四大造型

2. 以几何造型命名

如长方形（图2-5）、正方形、圆形、椭圆形、梯形、三角形、球形等，这种分类整体感强，造型分明。

3. 以具体事物命名

如气球形、钟形、喇叭形、酒瓶形、木栓形、磁铁形、帐篷形、陀螺形、圆筒形、蓬蓬形等，这种分类容易记住，便于辨别。

图2-5　长方形服装

4. 以专业术语命名

如公主线形、苗条形、自然形、直身形、细长形等。

以下是一些典型的服装外轮廓（图2-6）：

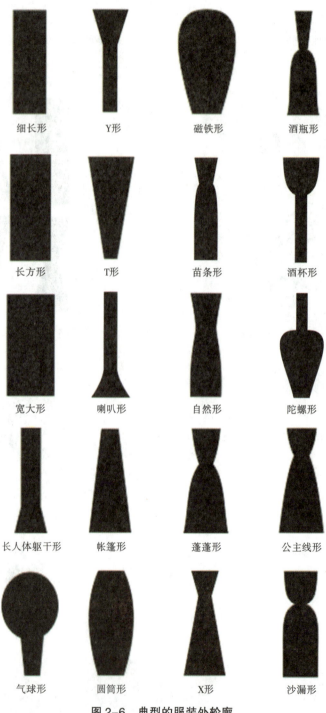

图2-6 典型的服装外轮廓

第一节 服装外轮廓及分类

（1）细长形（Straight Line）（图2-7）

细长直筒的服装造型，着重强调女性瘦长纤细的线条，能体现出精干、利落的职业女性形象。裤装为其主要着装形式。

这种造型始于20世纪30年代，在70年代也曾流行，到了90年代，由于简约主义风貌的流行，再次成为主要服装造型，并且流行至20世纪末。

（2）长方形（Rectangular Line）

这是合乎人的正常体型的服装造型，不做任何的体型修饰，外形线比较顺直。日常穿着的不收腰直身裙、合体的长大衣属于此类。

图2-7　细长形服装

（3）宽大形（Ample Line）（图2-8）

相对于人的体型，宽大形服装尺寸明显放大，穿着时无体型要求。古希腊Toga（托加袍）服和20世纪80年代流行欧美的超大风貌（Oversiged Line）以及Hip Hop风格都属此类。

（4）长人体躯干形（Long Torso Line）（图2-9）

特征是低腰，上半身显得拉长，而摆裙部分向外扩张，似喇叭形的设计。

图2-8　宽大形服装

（5）Y形（Y Line）（图2-10）

肩部加宽，腰身收紧且下半身合体，形成上身向外扩张而下身细长的感觉，1955年法国著名设计师Dior首创这一造型。Y形常用于礼服设计中。

图2-9　长人体躯干形服装

图2-10　Y形服装

第二章
服装造型设计原理

（6）T形（T Line）（图2-11）

与Y形相近似，T形服装肩部加宽，裙摆收紧，形成上宽下窄的造型，又称V形或三角形。常用于职业女装设计，塑造女强人的形象，20世纪80年代意大利设计师Armani（阿玛尼）曾创出宽肩具有男性风貌的T形女装，成为当时职业女装穿着的首选。

（7）喇叭形（Trumpet Line）（图2-12）

上半身呈长而直线的造型，而裙摆在臀部向外敞开，形成向外的喇叭状。这种造型风格活泼奔放，多用于舞会服装设计。

图2-11　T形服装

图2-12　喇叭形服装

（8）帐篷形（Tent Line）（图2-13）

帐篷形又称梯形，肩部紧窄，裙摆宽大，形成上大下小的造型，呈帐篷形状。斗篷和披风就是典型的帐篷造型。

（9）圆筒形（Barrel Line）

肩部和裙摆收紧，中间部分向外膨胀，类似圆筒造型。

（10）气球形（Balloon Line）（图2-14）

上半身呈圆形，下半身则细长紧身，外观呈球形。20世纪80年代流行的蝙蝠衫即属此类。

第一节 服装外轮廓及分类

图2-13　帐篷形服装

图2-14　气球形服装

（11）磁铁形（Magnet Line）（图2-15）

肩部圆顺，上身微鼓，向下至裙摆逐渐收紧，外形呈马蹄铁形状。

（12）苗条形（Slim Line）（图2-16）

衣身造型紧凑合体、收腰，外观呈细长感觉，又称紧身形。

图2-15　磁铁形服装

图2-16　苗条形服装

（13）自然形（Nature Line）（图2-17）

自然形能展示女性松软的外形曲线，使服装造型与人体曲线呈现自然和谐的状态，其中肩、胸、腰、臀等部位设计均无人为的造型改变或位置变化。2002年和2003年流行此造型。

（14）蓬蓬形（Fit and Flare Line）（图2-18）

上半身合体，下半身裙装呈向外蓬松扩张的感觉。婚礼等服装即属此类。

图2-17　自然形服装

图2-18　蓬蓬服装

（15）X形（X Line）（图2-19）

宽肩、细腰、裙摆宽大，呈X造型。X造型能充分展示女性优美舒展的曲线轮廓，体现女性的柔美和雅致，常用于礼服设计。20世纪50年代由Dior推出流行。

（16）酒瓶形（Bottle Line）（图2-20）

上半身紧窄合体，下半身蓬松向外，呈酒瓶造型。

图2-19　X形服装

图2-20　酒瓶形服装

第一节 服装外轮廓及分类

（17）酒杯形（Wineglass Line）

肩部平直，向外加宽，上半身宽松，呈圆形，下半身紧窄合体，整个外观呈酒杯造型。

（18）陀螺形（Peg top Line）（图 2-21）

上半身合体，下半身从腰部逐渐变宽，至下摆处收紧，外形呈陀螺状，又称木栓形，20 世纪初由设计师 Paul Poriet（保尔·波阿莱）原创并流行于法国。

（19）公主线形（Princess Line）（图 2-22）

充分利用女性人体结构，运用服装的公主线结构裁剪，形成上身合体，下身裙摆向外展开的造型。

图 2-21　陀螺形服装

图 2-22　公主线形服装

（20）沙漏形（Hourglass Line）（图 2-23）

腰身收紧，上、下半身宽松，似沙漏造型。

图 2-23　沙漏形服装

第二节 服装外形的表现形式

服装外形的表现主要由肩线、腰线、衣裙下摆线三者完成，它们之间的宽松收紧、大小变化衍生出许多风格各异的造型组合。

一、肩线（图 2-24）

肩线的处理是设计师表现设计风格的一个主要方面。女性肩部造型是柔顺圆滑的，依附肩部体型的服装较能体现女性的优雅与柔美，如20世纪40年代和50年代的女装就充分展现了这种风貌。而经过工艺结构处理后的肩部造型，由于脱离了女性体型，无论是耸肩、平肩还是宽肩，都使服装更多带有男装的特点，减弱了女装的柔美成分，所以这类肩线常常是女装男性化风格的主要体现。20世纪80年代由 Armani 设计的宽肩职业女装就属这一类型，它迎合了当时社会上大量出现的职业女性对服装的需求。

图 2-24　肩线设计

二、腰线（图 2-25）

腰线处理包含两个方面：腰的宽窄、腰线的高低。

腰的宽窄在造型上表现为 H 形和 X 形。

这是两种相对立的造型，H 形体现自然随意的设计风格，20世纪20年代和90年代初都曾流行过以松腰为特征的 H 形。与 H 形相反，X 形最能完美地体现女性的苗条身材，塑造纤细优美的古典主义形象，20世纪50年代，Dior 的新风貌设计强调了这一特征。

腰线的高低使服装上下的比例关系出现了差异。高腰设计抬高了视线，使上下的长短比例拉大，端庄典雅的礼服设计常采用这种结构。低腰设计则会使视线下移。

图 2-25　腰线处理

三、裙长（图 2-26）

在所有的风格线中，衣裙下摆线无疑最重要，它是时尚变化的一个重要标志。裙长的高低长短往往带来上下装比例的变换，进而改变整个形象，并决定服装风格的走向。

裙长的最大变化发生在20世纪，它由20世纪初的裙长在脚踝处上升到20年代的裙长到小腿肚附近，直到60年代的迷你风格时，裙长抬升到大腿根部的极短部位。其后又或长或短反复出现，在70年代和80年代分别流行长裙和中长裙，裙摆与60年代形成对比，90年代裙长重新恢复至膝盖以上，之后在膝盖上下徘徊。每年引导时尚潮流的顶尖设计师都会推出全新感觉的裙长，从而引发饰物制造商生产与之相配的饰件，例如流行短裙时，时髦的长靴、高筒靴特别畅销；一旦改换了长裙，靴子相对而言就滞销了。

作为影响时尚流行的一个重要标志，裙长由长变短，然后再由短变长，轮回演变。裙长的变化形成了相对应的设计风格，长至膝盖是严谨端庄型，而短至大腿根部则显示了青春和自由。

图 2-26　裙长是时尚变化的一个重要标志

第三节 服装外形的演变

服装外形同时也是流行时尚的缩影，如20世纪20年代的细长形、50年代的A形、60年代的酒杯形、70年代的T形、80年代的长方形、90年代的苗条形和21世纪初的自然形等。流行时尚的设计首先从服装外形开始，由此在服装细节、服装搭配、服饰配件、化妆等方面需要有与之风格协调的设计。

一、历史上服装外形的演变

从西方服装史大致的发展阶段来看，服装外形的演变主要是由古代的宽衣时代到中世纪的宽衣向窄衣时代过渡，然后是中世纪至今的窄衣文化发展时代。

1. 古代宽衣时代

在历史上，一般把公元前3000年到公元400年前后这段时间称为古代，在这一时期里，宽衣文化主要是指古埃及、古希腊、美索不达米亚地区和古罗马的卷衣。由于古代人的生活是以农业或畜牧业为主，加之自然环境和气候的影响，古代的服装体现出来的是宽松、垂挂、褶皱与裸露的状态，在视觉效果上呈现H形或O形。

2. 中世纪宽衣向窄衣过渡时代

服装史上的中世纪一般从拜占庭时代讲起，直到文艺复兴时期之前，即5世纪至15世纪。中世纪的服装文化受宗教（主要为基督教）的影响很大。基于基督教的影响，整个中世纪社会推行禁欲主义的道德观，在这种社会环境中，人们陷入了理性与感性、理想与现实、精神与肉体的矛盾中。在服装上也体现出否定肉体与肯定肉体的矛盾，在这种矛盾的发展中，中世纪的服装从古代的宽衣经拜占庭文化开始变异，由罗马时期与哥特时期的过渡，最后发展到以日耳曼人为代表的窄衣文化。与此同时，西洋服装也从古代平面结构转移到追求立体构成上来，并且男女服装的外形已趋明显不同，男性服装以上宽下窄的T形、Y形为主，而女性服装以A形与小X形为主。

第三节 服装外形的演变

3. 中世纪至今的窄衣时代

从文艺复兴时期以后,则是窄衣文化的天下,其中各个阶段具有各自明显的特征。文艺复兴时期(15—17世纪初)的服饰特点是将服装分成若干部件独立制作,然后组装成形,显示出类似建筑般的构筑感和硬直的特征。而巴洛克样式(17世纪)则增强了整体感,表现出强有力的外形特征,洛可可样式(18世纪)以其女性化的纤细优美取代了巴洛克的男性力度。而19世纪的变迁则几乎是按照顺序周期性地反复过去的样式:希腊风(新古典主义时代1789—1825年)→16世纪西班牙风(新浪漫主义时代1825—1850年)→洛可可风(新洛可可时代1850—1870年)→巴斯尔样式(巴斯尔时代1870—1890年)→S形时代(1890—1914年),直到20世纪20年代,女装才迎来真正意义上的现代感。这一时期男装外形以T形、Y形、H形为主,女装外形以大X形、S形为主。

三、现代服装外形的演变

进入现代,服装外形线的曲直变化更替频繁。"一战"后,女装实现了现代化,整个20世纪20年代的女装基本外形为H形的宽腰身的直筒形,30—40年代则以细长形与军服式为主。由于迪奥在40—50年代对服装界的强烈影响,这一时期被称为迪奥时代。1947年,当时还是默默无闻的迪奥(Dior)在巴黎发布了震惊世界的新风貌(New Look),迷人优雅的外观造型倾倒了整个欧美世界。此后,迪奥发布的服装都以服装外形来命名,如1953年具有柔美外形的郁金香形(Tulip Line),1954年与新外形造型形成反差的H形,1955年充满活力的A形和Y形,1958年由迪奥公司掌门人圣罗兰推出的T形(图2-27)。

发生在20世纪50年代迪奥公司的这段服装历史,对20世纪的服装发展具有很大的推动作用。50年代后,服装外形的曲直松紧变化更加明显。如60年代的直线形迷你风貌(Mini Look)、70年代的T形裤装搭配、80年代的宽肩造型西装套、90年代流行于世的H形休闲服,这些造型无不带有鲜明的时代特征。

图2-27 20世纪50年代Dior设计的高级女装作品

第四节 服装外形视觉效果

服装外形是服装设计的一个重要环节，设计师运用外形的大小、长短、宽窄等变化，营造出风格各异的服装外形，给人以不同的视觉刺激，让人产生年轻、通俗、夸张、古朴、平静、优雅、活泼等感觉。

一、年轻的外形（图2-28）

适合年轻人的体型和审美情趣，款式轻松活泼，大都表现为收腰和紧身，长短比例适中，个别细节带有些许夸张的成分，如20世纪70年代的细长形紧身上装和烟管裤、喇叭裤的搭配。年轻的外形使人感觉到新鲜、敏捷，在这种基础上，可以演化出许多不同类型的外形。

二、通俗的外形（图2-29）

这种外形适宜面很广，不论何种体型都能穿，服装款式属于基体型，如衬衫、T恤、夹克、宽松裤等，这类服装外形变化很小，通俗的外形，无论何时穿着都显得四平八稳，而且在穿着上能超越年龄的界限。流行趋势中通俗的外形随着流行元素的变化也会形成不同潮流。

图2-28　年轻的外形服装

图2-29　通俗的外形服装

三、高雅的外形（图2-30）

这种外形的服装其各设计元素分布和工艺结构合理，各主要比例关系呈现优美舒适的视觉特点，如广泛采用的黄金分割比例，在外形上体现出紧身和收腰，充分表现女性的优雅体型，整体给人以柔美的感觉。传统的高级女装设计作品大都属于此类外形，如 Ungaro（伊曼纽尔·温加罗）、Valentino（瓦伦蒂诺）等设计大师均擅长优雅的外形表现。

四、夸张的外形（图 2-31）

此类外形大胆奇特，具有强烈的视觉冲击力。具体表现为在个别部位上脱离人的身体，塑造出夸张的外形线，视觉上颇具未来感觉，如 20 世纪 60 年代 Pierre Cardin（皮尔·卡丹）设计的带有建筑风貌的太空主题服饰系列。

图 2-30　高雅的外形服装

图 2-31　夸张的外形服装

第五节 面料与服装造型

在服装设计中，款式造型的设计是与面料密切联系的，面料是服装的基本物质基础，因而面料的不同特性在服装造型设计中起着重要的作用。

一、柔软轻薄的面料（图2-32）

柔软轻薄的面料适合A形、H形等造型。

柔软轻薄的面料较多在春夏服装设计中使用，具有此类特性的面料，棉织物和丝织物占多数，如平纹细布、巴利纱、电力纱、雪纺、乔其纱、山东绸、真丝双绉等；化纤织物中也有一些品种具有柔软轻薄的特性，如人造棉平布、人造丝、涤纶仿丝绸等，大多用于制作春夏衬衣、连衣裙、丝巾等。由于这些面料具有手感柔软、质地轻薄、优雅飘逸等特点，在服装设计中适合离体造型，而对于收身紧窄的造型设计则不太适用，款式造型以A形、H形、O形、X形为主，这些造型都强调服装面料飘逸潇洒的感觉。

图2-32 柔软轻薄的面料

二、挺括凉爽的面料（图2-33）

挺括凉爽的面料也多用于春夏季及秋季服装，麻织物与毛织物以及混纺面料中均有部分产品具有此类特性，如纯麻细纺、夏布、派力司、凡力丁、薄花呢、麦士林以及一些涤麻、涤毛混纺面料等。这些面料均具有滑爽挺括、质地细密的特性，适合制作夏季男士西服、西裤与女式裙套装、裤套装等服装。其款式造型重点放在挺括、流畅的风格特征上，以合体造型为主，如细长形、长方形、苗条形、自然形、公主线形等，也可以用于A形、X形等外张造型的设计，另有一番简洁流畅的风味。

图2-33 挺括凉爽的面料

三、光滑亮丽的面料

光滑亮丽的面料由于其风格较为华丽优雅、绚丽夺目，主要用于礼服、旗袍、演出服、戏服等。高档面料多为丝织物，如塔夫绸、软缎、织锦缎、真丝缎等；中低档面料以化纤织物较多，例如醋酯人造丝软缎及织锦缎、涤纶纺丝缎、锦纶塔夫绸等。而中低档面料虽具有高档面料的外部特征，但在穿着舒适性等品质上则逊于丝织物，因而多用于演出服、舞台装等。利用光滑亮丽的面料设计的服装，造型以 A 形、X 形、S 形、蓬蓬形、公主线形、沙漏形等为主。

四、厚重面料（图 2-34）

厚重面料主要用于秋冬服装中，主要为毛织物以及混纺织物。例如，礼服呢、马裤呢、麦尔登呢、粗花呢、涤毛混纺等。这些面料均具有手感丰厚、保暖性能好的特征，多用于男女式大衣、外套、春秋套装等。服装造型主要集中在体现温暖观感的效果上，宽松造型与合体造型均适合厚重面料，但厚重面料不适合多层缝合，不宜采用过多的褶皱、装饰，适合简洁款式。服装造型主要有 A 形、H 形、V 形、O 形、帐篷形、公主线形等。

图 2-34 以厚重面料制成的服装

五、绒毛面料

绒毛面料是指在面料上具有起绒效果的织物，棉织物有灯芯绒、绒布，丝织物有乔其绒、金丝绒，毛织物有法兰绒、各种大衣呢（拷花、平厚、立绒、顺毛）、长毛绒、驼绒，化纤织物有涤纶仿麂皮织物、摇立绒等。绒毛织物表面具有明显的肌理效果，在设计时多采用简洁的款式。较为轻薄的绒毛织物如乔其绒、金丝绒等，多用于强调柔美线条的设计，造型上有 S 形、X 形、公主线形等；厚重的绒毛面料可以塑造蓬松效果，如 A 形、O 形、帐篷形等。

【思考题】

1. 不同分类的服装外轮廓之间有无相似之处？请举例说明。

2. 服装外形是通过哪些部位表现的？

3. 试从历史的角度简述服装外形的演变。

4. 根据所学知识阐述服装外廓形的概念。

5. 服装外形是服装设计的重要环节，阐述服装外形的视觉效果有哪些？

第三章 服装的点、线、面设计

 知识目标

掌握点、线、面的基本概念及分类,掌握该设计要素在服装设计中的运用及变化。

技能目标

学会识别点、线、面在平面和造型中的不同表现形式,通过在服装中的具体运用,理解和掌握不同点、线、面的表现形式,如点的呈现(纽扣、图案、面料等)、线的呈现(直线、曲线、折线等)与服装造型的关系。

情感目标

通过观察对比以及图片展示,提高学生的学习兴趣,激发学生对点、线、面变化的设计乐趣,使学生学会观察、理解、分析,能够创新变化出更多造型方法。

思维导图

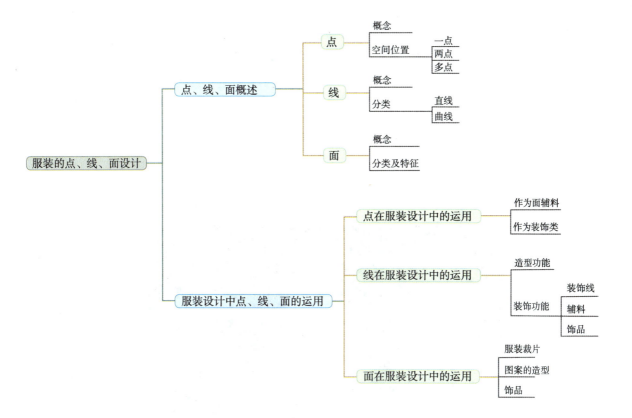

第三章
服装的点、线、面设计

第一节 点、线、面概述

在服装设计中，造型总是丰富多彩、千差万别，但是，任何繁复的款式都万变不离其宗，离不开点、线、面这些要素的综合运用。可以说，点、线、面是服装造型的基础（图3-1），也是服装构成的前提，各有着不同的特点和作用。因此在具体设计中，必须牢固掌握这些要素的特点与作用，并结合美的形式法则，灵活地运用在实际设计中。

图3-1　点、线、面是服装造型的基础

一、点

 1. 概念

几何学中的点没有面积，只有位置，是线的开始和终结，是两线的交叉、转折处。而从服装造型设计来看，点却有着不同的含义。点是一切形态的基础，是设计中最小、最根本的单位，同时也是最为灵活的要素。当它以单独的形式出现时，并不能体现出它的优势，但当它以特殊的形式，如变化其色彩、造型（图3-2）等出现时，便能引起人们的注意。而且在造型艺术中，点是有宽度、深度的，如服装中的纽扣、小饰物等。点是相对的，其大小是在视觉单位点的限度内，超越了这个度，则失去了点的性质，就成了线或面。因此，这种差别界限是在具体的对比关系中决定的。如一件服装上的圆形袋，比较而言，圆形袋可看成是一个点，但如果近看，圆形袋也是一个单独面。同样大小的平面，点所占据的面积大，则为面；面积小，则给人点的感觉。

第一节 点、线、面概述

点从形状上可分为两大类：一是规则的点，这类点的外形是由规范的直线、弧线等构成，例如，服装上的纽扣（图3-3）、口袋等；二是不规则的点，它的外形是由不规则的自由曲线构成的，在视觉上没有形成一定的形状特征，通常给人一种自然、创新之感。

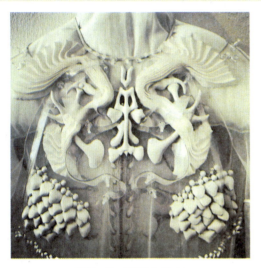

图3-2　服装上的点

图3-3　服装上的纽扣

2. 空间位置

（1）一点

如果空间内只有一个点，无论其大小形态如何，都会吸引观者的视线，点在同一空间的不同位置都会产生不同的效果。当这一点位于一个平面的中心时，有着较强的吸引力和扩张力；当点偏向一边时，则又具有了一定方向感，并处于运动状态。在服装设计中，设计师通常运用点的原理来点缀突破一般状态，使之成为一个设计的亮点。

（2）两点

两点同时存在同一空间内，有线的感觉，并且两点间距离位置不一，给人的感觉也不同。如果两点对称地出现于同一平面的同一水平线上，会给人一种平稳、安静感；如果两点位于同一平面的任意位置，则相应产生一定的动感。

（3）多点

在同一平面内，一定数量、大小不一的点，按一定的形式美原则组合在一起，可产生节奏感、韵律感。

如果多个大小渐变的点按S形曲线排列，能够体现优美的律动感。

多个无秩序的点自由放置于同一平面，是否能在展现它随意美的同时又体现出一种灵动感，这取决于设计师的设计能力与经验。服装上多个装饰点的设计也是同样的道理。

二、线（图 3-4）

1. 概念

线和点一样，都是服装设计中不可缺少的造型要素之一，线在几何学意义上是一个点移动的轨迹，只有长度、位置、方向之分，但是造型设计线除具有以上特征之外，还具有不同形态的色彩、厚度、质感等。在设计中，人们将没有任何感情特征的线通过多种手法赋予了它独特的性格倾向。线能够以各种方法达到千差万别的视觉冲击效应。

2. 分类

线可以分为直线和曲线两大类，直线又有细直线和粗直线之分。

图 3-4　服装上的线

（1）直线

直线有严格、坚硬、锐利、明快、挺拔、单纯、庄重之感。

粗直线有厚重、坚强、有力之感。

垂直线有上升、严肃、端正，使人为之敬仰之感，在男装中用得较多，如男士西装、军装等。

水平线（图 3-5）有稳重、庄重、静止、安详、柔和感，并产生横向扩张感。

斜线有运动、刺激、不安定的感觉，一般用在服装上易产生活泼、轻松之感。

图 3-5　水平线在服装上的运用

（2）曲线

曲线（图 3-6）在人们的生活中普遍存在，女性人体被历代艺术家称为自然界中最曼妙柔美的曲线，云彩漂浮、人体运动都是生动的曲线现象。曲线具有运动之感，与直线相比，使人感到更为丰满、富有弹性、柔软和女性化，所以一般多用在女装设计中。

曲线又分为以下两种：

几何曲线有理智、明快、肯定、充实、饱满、圆润、流畅之感。

自由曲线有柔软、优雅之感，并具奔放、丰富的动感。

图 3-6　曲线在服装上的运用

三、面(图 3-7)

1. 概念

　　几何学中的面,只有长度和宽度,没有厚度,是线平行移动的轨迹,也是体的断面、界线和外表。

　　造型学中的面,常由点的多向密集移动而成,或是由线的纵横交错而成,点、线的集合与扩大,也可能构成面,有的点和线还可直接构成面的肌理和质感。直线平行移动构成方形面,直线的回转移动构成圆形面,这些都属于积极的面,其形态特征较强;由点、线集合或扩大而构成的面,属于消极的面,其形态特征较弱。

图 3-7　面在服装上的运用

2. 分类及特征

　　面的变化千姿百态,大体可分为以下几种:
　　直线形的面:即用直线组合成的面形,如正方形、三角形、长方形、多边形等,具有安稳、简单、明了的特征。
　　曲线形的面:即以各种几何曲线方式构成的规则面形,如圆、半圆等,具有柔和、平滑之感。
　　随意形的面:即用直线和自由曲线构成的面形,一般具有活跃、舒展、平滑之感。
　　偶然形的面:即无法想象、不能控制结果的面形,是偶然产生的面形,具有洒脱、随意的特征。

第二节
服装设计中点、线、面的运用

、点在服装设计中的运用

在服装设计中，点的使用的实例很多，点是不可或缺的要素之一，如服饰品、纽扣、点状图案、花纹等。点具有突出、醒目的特征，它能够强调服装部位特征，起到衬托作用，同时也易吸引人们的视线。

在服装构成中，除视觉元素点之外，还存在着服装结构点的概念元素点，其中概念元素点是指胸高点、肩端点、肩颈点、腋窝点等一些结构点。总的说来，点在服装设计中的运用主要可以分为两大类：作为面辅料类、作为装饰类。

1. 作为面辅料

在服装设计中常使用点作为面辅料，如点状图案的面料、纽扣、珠片等。

在服装造型中，以点为设计元素的面料，一直受到人们的青睐。在服装发展的不同阶段，点的大小、疏密、排列组合及流行的色彩都在不断演变，所产生的视觉效果也各异。细点纹样显得秀丽、朴实，无论采用和谐的同类色还是强烈的对比色，都能体现图案特色，除了用作服装面料外，也可用于嵌边、装饰用的腰带或颈带等。而粗点图案有视觉跳跃感，并能产生一定的韵律变化，适宜夸张、有动感的服装造型。在服装设计中，人们常常可见粗点面料与细点面料拼接，或是点状图案与同色面料相拼等，都能使服装产生生动的节奏感和层次感。

点作为辅料运用在服装上已司空见惯，如纽扣、珠饰、点状线迹等，它们在具体的使用中具有一定的功能性，同时也体现一定的装饰效果。纽扣作为点，在服装上作为装饰最普遍、最常见的部位是门襟扣，其次是袖扣、领扣、袋扣、肩扣、腰扣等，是设计中不可或缺的附件之一，起到了连接衣片、固定服装的作用。纽扣在服装上所占的比例微乎其微，但其体现的效果却是不可忽视的。它的材料、大小、造型、色彩的不同或在服装上数量的变化、运用方位的不同，体现的最终效果是千差万别的。因此，在服装设计中，纽扣的选择和运用很有讲究，不同纽扣点的排列，能产生不同的视觉美感。如双排扣在西装上能产生一定的对称、安定、平衡的美感；单排扣的运用，如休闲服的门襟扣，显得较为轻盈、简洁。当服装上的纽扣是为了强调一种装饰目的时，纽扣的外形及排列方式是尤其重要的。如时装上的偏襟扣与其服装结构相互映衬，体现出活泼生动感；而传统旗袍偏襟上的盘扣不仅具有较好的点缀效果，更重要的是体现了中国服饰东方特色的神韵及内涵。要将一颗纽扣作为装饰，那么，这颗纽扣就成为视觉的中心，应选用精美、设计感强的纽扣来点缀服装。因此，服装上以点的形式出现的面辅料都体现了功能与装饰性的统一。

2. 作为装饰类（图3-8）

在服装设计中经常用装饰点来强调衣着的重点部位。如胸花、肩饰、戒指、腰扣等，都可以理解为服装上点的形式。在服装上的装饰品运用得当，能使服装更具魅力和个性特色。饰品用在服装上，其突出的作用就是烘托服装的穿着效果，力求与服装协调，表现服饰的整体美感。这些饰品，有的是为了追求与服装某一部位的呼应，如肩部的肩袢装饰扣、肩花，是为了强调肩部的线条感或是肩部的柔美之感；有的是为了突出整体性特色，如胸花是服装上的闪光点，它的使用是为了展现整款服饰秀丽、高雅、端庄的女性感。此外，为了突出不同的着装风格，饰品也具有了情感倾向。饰品的色彩、材质、造型、位置不同，对于服饰的效果也各异。

总之，服装上的饰品能够突出服装的形式美感，强化服装风格，所以，根据不同的服装风格，作为点的饰品的设计也是尤为关键的。

图3-8　作为装饰类的点

二、线在服装设计中的运用（图3-9）

服装上的线是服装造型设计中最为丰富、生动、形象的组成要素。服装款式的千变万化是凭借线条的组合而产生的。线在服装上的运用体现在造型功能和装饰功能两个方面。

1. 造型功能

服装上具有造型功能的线包括服装的轮廓线（即外轮廓线）、基准线、结构线、分割线等。服装上的轮廓线即服装的外形，形象各异的服装外形决定了服装的视觉形象，是设计的关键（图3-10）。有代表性的轮廓线有A形线、H形线、O形线等。如世界著名设计大师迪奥常用A形线、H形线进行外形设计。人们都知道服装在缝合前是以裁片的形式存在的，而裁片是以各种线的形式表现出来的，这些线就是结构线或分割线。它们在服装造型上的作用举足轻重，是顺应人体曲线特征塑造人体结构美的线条，如省道线、公主线、背缝线等都是塑立体效果的重要线条。一般情况下，结构线和分割线多用直线或是幅度不大的弧线，但是在创意服装中，则突破常规造型，为了夸张、凸显出某一部位，可采用非常规线条。在现代意义的服装设计中，服装的造型达到一定限度，发挥的空间似乎越来越狭小，所以，设计师更着力于服装结构线与分割线的创新。

图3-9　线在服装设计中的运用

图3-10　具有造型功能的轮廓线

第三章
服装的点、线、面设计

结构设计运用得恰到好处,可以更好地融合结构和装饰性,体现服装的简练、高雅,符合现代审美观;如果运用不当,则会产生杂乱感。

2. 装饰功能

(1)装饰线

在服装设计上,为了审美的需要,常运用多种装饰线条。服装上的装饰线包括镶边线、嵌线、细褶线(图3-11)、明辑线、波纹线以及线条形态各异的装饰花纹等。装饰线通常结合一定的工艺,运用得好,能使服装产生精美的效果和韵味,并能增强服饰美感和风格。在民族服饰中,人们常可见到各具特色的线形装饰,如中国旗袍的镶边、嵌线等技法在衣襟、领口、下摆处的运用;较多职业装中的分割线或接缝处常用与衣身同色系不同材质或纹理的面料进行条状拼接;牛仔服装常采用明辑线,在袋上常辑装饰线,而且线的色彩明亮、醒目,与其粗犷、休闲的风格相一致。

图3-11 细褶线

(2)辅料

在服装设计上,线元素的辅料体现在拉链、绳袋、腰带(图3-12)上,具有不同的实用功能和装饰功能,在运动装、休闲装和一些流行服饰中较常见。作为线感的拉链是服装中使用最多的辅料,为了追寻时尚的瞬息万变,拉链在色彩、造型、观感上有了前所未有的突破,装饰的功能也越来越强大;作为闭合功能,常出现在门襟、袋口、袖口、背部、侧缝等处;作为装饰功能,只要运用美观,它可以出现在任何部位。

图3-12 以线的形式出现的腰带

(3)饰品

作为饰品(图3-13)出现在服装上具有线形特征的物品,主要有项链、挂饰、颈带、腰带、包袋等。不同风格的服饰,应结合与之匹配的色彩、材料、形状的饰品。总体而言,线性饰品体现了流动、飘逸之感,能与面产生对比和互补效果,丰富服装的造型,同时又弥补了平面的稳定呆板。如在著名设计师Chanel的经典设计中,珍珠项链是服装中经久不衰的配饰品之一,可与服装共同体现品牌经典、优雅的风格;一件朴实无华的裙装,并不能激发消费者的购买欲但是加一条颇有设计感的波希米亚风格流苏腰带，可以打破单调、平凡感，使整件服装熠熠生辉；造型简洁、曲线唯美的礼服配上一条精致钻链，更显得气宇不凡。

图3-13　以线的形式出现的饰品

三、面在服装设计中的运用

面的运用，结合材料以及各种设计手法，决定了服装的整体效果。在具体设计中，根据所表现的不同风格、意图，恰当地进行面造型是很重要的。服装上的面体现为以下几大方面：

1. 服装裁片（图3-14）

服装在成形前是由多个裁片组成的，这些裁片都可以看成单独的面。如前后片、袖片，还包括了服装上的零部件，如领面、袋面和具有一些装饰性的部件等。大部分服装都是由这些面组合成立体造型，显得规则、大方。但有些服装的裁片则在基本面的基础上进行分割，并通过色彩、材质、面积不一的面料组合而成，形成了一定的视觉冲击力。如绗缝运用了不同色彩的面料，结合精心设计的面的造型，可以产生一种别出心裁的层次、韵律感，类似手法在民族服饰中也较为常见。

图3-14　服装裁片

2. 图案的造型（图3-15）

在服装上，合理处理图案设计不失为体现服饰美的捷径之一，而且图案往往成为服装的特色，形成视觉的兴奋点。以面的形式出现的装饰图案的材质、色彩、工艺的处理手法，灵活而且丰富，有效地增加了服装的可视性。对于装饰图案的设计，应依据服装的效果，力求协调，符合形式美原则。造型简洁的服装，可选择色彩相对丰富、结构层次灵活的图案来衬托，造型复杂的服装则相反。例如著名品牌Kenzo（高田贤三）的图案永远是设计师们取之不尽、用之不竭的设计点。以丰富多变的图案为设计语言，配以灵活创意的多种手法（如镶拼、珠饰、人工刺绣、编织等），淋漓尽致地展示了品牌服装的理念和独特魅力，并使该品牌在竞争激烈的服装浪潮中独树一帜。

图3-15　图案的造型

3. 饰品（图3-16）

与服装相关，以面的形式出现的服饰品主要是包袋、围巾、披肩、帽类等。这些饰品虽作为配件形式存在着，但对于它的设计搭配也是不可或缺的。如何确认饰品的风格，主要是参照服装的整体风貌。在一些前卫创意的服装中，这些饰品可以以夸张的形式出现，同时具有强烈的面的感觉。如在以辅料为题材的服装设计中，为了突出别具一格的特点，人们可以设计一款以吊牌为元素的围巾，从而在无数小面的重复组合中体现极强的块面感和若隐若现的节奏感，这类创新设计无疑会给人们带来强大的视觉冲击力，并使人们对设计有深刻记忆。

图3-16　饰品

【思考题】

1. 如何理解点作为服装造型要素的具体分类及其特征？

2. 从实践的角度简述点、线、面在服装设计中的运用。

3. 结合具体的服装款式，分析点、线、面中任一造型元素的具体体现。

4. 服装中的线有多少种体现形式？

5. 如何在裁片中实现面的装饰效果？

第四章 服装的细节设计

知识目标

学生需要理解各种领型、门襟、省道等基本概念，同时能够识别不同细节的分类方式。

技能目标

掌握不同领型、袖型、口袋、门襟、腰头等设计方法，能够在根据人体准确绘制的同时，掌握变化要素，设计出符合当下流行的款式细节。

情感目标

培养学生观察和识别服装细节的能力，让学生绘制出符合人体比例且细节具有可操作性的服装细节，在掌握基本技能以外，能进行创新，设计出更新的款式。

第四章

服装的细节设计

思维导图

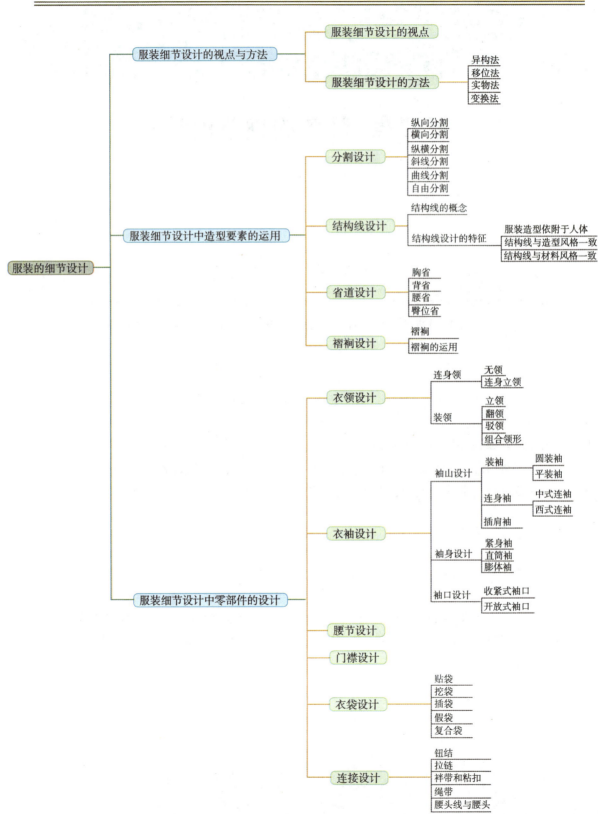

第一节
服装细节设计的视点与方法

服装廓形（外轮廓）设计与服装款式设计是服装造型设计的两个方面，廓形是基础，是整体；款式是细节，是局部。从外观效果看，廓形在远距离就可以让人感觉到它的视觉冲击力，而款式可使人近距离品味服装细节的精致与美观。从细节设计的造型要素讲，细节设计可以分为分割设计、结构线设计、省道设计、褶裥设计等；从细节设计中的部件设计讲，细节设计可分为衣领设计、衣袖设计、腰带设计、门襟设计、衣袋设计、连接设计等。

一、服装细节设计的视点

服装细节设计的视点是指细节设计中吸引人注意的位置、形态、工艺或附件。细节设计的位置变化会使廓形相同的服装产生不同的效果，或新颖奇妙，或怪诞不羁，或时尚前卫，或传统经典，如女装的胸部造型是为了强调女性的曲线美。

细节设计中部件的造型以及形态也可以传达设计师丰富多样的情感。如把男西装的口袋设计成贴袋，比较悠闲；设计成嵌线袋，则比较经典。相同的部件因其所使用的颜色和材质不同而效果各异，如休闲装的拼块，用毛皮和皮草会产生不同的效果。由于制作工艺的方式不同，同样可以形成不同的风格特色，如品牌服装的标志图案，采用刺绣与印染等不同的方法，给人的感觉也不一样。

在服装设计中，由于款式和机能的需要，会添加一些附件，如纽扣、拉链、绳、带、标牌等，这些附件的运用与服装的整体设计要相呼应，共同构成服装的和谐美。

二、服装细节设计的方法

服装细节设计的方法很多，可归纳为以下几种：

1. 异构法

异构法是指对原有设计中的形状加以改变，如把原有的细节造型作为设计原型进行扭转、拉伸、夸张、弯曲、分割、折叠等处理，可以得到出乎意料的结果。

2. 移位法

移位法是指对设计原型的构成内容只做移位处理，使设计富有新意，如对休闲女裤装侧位的口袋，进行下移并添加附件，使裤装风格更显休闲和放松。

3. 实物法

实物法是指局部的结构处理有时为了能得到真实的设计效果，有些部件可以在进行精细加工后再放置在相应的部位上以强调、烘托整体设计，或者在加工过程中，随即调整，以获得协调统一的效果。

4. 变换法

变换法是指通过转移原有服装细节材料和工艺，形成新的设计，可以使服装产生不同的风格特色，如在西装中选取部分裁片进行镶拼面料的改变、结构线工艺的改变，都会使服装给人以新鲜感。

当然，除此之外，前面关于服装的造型方法也适于局部造型设计。

第二节 服装细节设计中造型要素的运用

一、分割设计

分割是指用线条将整体进行划分,以产生不同的形态,服装的分割是指将整块衣料分成若干部分或截片,以产生不同形态的立体效果,分割既是造型的需要,也是机能的需要。现代服装设计更多的是把这些分割转化成造型线条和审美装饰。

1. 纵向分割(图4-1)

单线纵向分割引导人的视线纵向移动,给人以增高感,同时平面上的宽度感有所收缩,如果用两三条或多条纵线分割,人的视线不仅会沿线移动,而且会横向跳跃,既有增高感,又有增宽感。

2. 横向分割(图4-2)

单线横向分割引导人的视线横向移动,使平面有增宽感,但在与横向分割线等间距排列两条以上的分割线时,会引导视线不仅横向移动,也做纵向移动,既有增宽感,也有增高感,因此,使用两条以上并列的分割线或造型时,要特别注意其位置,如女装腰节线的运用。

图4-1 纵向分割

图4-2 横向分割

3. 纵横分割（图4-3）

规则的纵横分割表现为敦厚、刻板和安定，灵活地改变纵横线的配置比例，效果非凡，风格各异。

4. 斜线分割（图4-4）

斜线分割因其倾斜角度决定分割效果，由于视错的缘故，接近垂线的斜线，高度感渐增、宽度感渐减；反之，接近水平线的斜线，高度感渐减，宽度感渐增；当进行45°分割时，平面中的高度与宽度增减错觉并不明显，但动感效果加强。可以使服装的整体效果活跃、轻盈，富有变化。

图4-3　纵横分割　　　　　　　　　图4-4　斜线分割

5. 曲线分割（图4-5）

以不同的曲线（弧线）在不同方向做规则和不规则的分割，可以创造柔和优美、优雅别致的效果，这是女装常用的造型线。

6. 自由分割（图4-6）

自由分割不受纵线、横线、斜线、曲线分割类型的限制，趋向自由、自然、活泼，强调个性，突出风格。

图 4-5　曲线分割

图 4-6　自由分割

二、结构线设计

1. 结构线的概念

服装的结构线是顺应人体的曲面变化、体现各部位分割与组合、塑造形体线条的总称，既指衣片的分割线，也指衣片的连接线、缝合线。

2. 结构线设计的特征

（1）服装造型依附于人体

结构线的设计首先应依据人体及其运动规律来确定；其次，不可忽视的是其装饰和美化人体的效果。

（2）结构线与造型风格一致

服装的结构线无论如何简单或复杂，都是由三种不同风格的基本线形组合而成的，即直线、弧线和曲线。

直线单纯、稳重、刚毅，适于表现男性气质；弧线圆润、均匀、流畅，适于表现中性气质；曲线轻盈、柔美、自如，适于表现女性气质。在具体设计中，服装结构线也要与服装的整体造型风格协调统一，如服装的廓形为曲线，那么其结构线乃至衣摆、袖口、领角等均应考虑用圆形或曲线形。

常见的服装廓形与结构线关系如下：

① H 廓形，其结构线以直线为主，简洁、端庄、中性。

② A 廓形，其结构线以弧线为主，活泼、自如、青春。
③ V 廓形，其结构线以斜线为主，轻快、洒脱，富有男性气息。
④ X 廓形，其结构线以曲线为主，柔和、优雅，充满女性魅力。

（3）结构线与材料风格一致

各种服装材料以其自身的质地和风格影响着服装的风格和效果，毛呢厚重沉稳、丝绸轻柔飘逸、锦缎高贵华美、裘皮雍容富贵……对不同的材料，结构线的处理方法也有所不同，造型设计要充分展示材料的可塑性，使结构线在造型上与材料性能和风格相适应。

三、省道设计

依据人体的曲面变化和服装适体造型需要，包装人体的多余衣料需做省去处理，也就是我们常说的省缝或省道。在现代服装设计中，省道除了适体功能外，还被许多设计师当成一种变化设计的手法，如在省道处加装饰线、嵌条等，丰富服装的设计效果。

省道按其所在人体的部位不同，可分为胸省、腰省、臀位省、腹省、背省、肘省等；按其所在服装的部位不同，可分为领省、肩省、腰省等。

1. 胸省

胸省（图 4-7）是指塑造女性胸部造型的省道。胸部造型是女装设计的重要内容，胸省的位置围绕胸点向领弧、肩缝、袖窿、侧缝、腰节和前中心线展开。由于造型结构工艺和审美的需要，省尖须指向乳高点，并距离乳高点有一定范围，省的两条结构线应等长，结构线可以是直线或者弧线，这就是传统意义上的胸部造型。在现代服装设计中，胸省的使用更为讲究，设计师会以更合适的设计方法，如用多省联合或抽褶等方法塑造女性的胸部曲线，以创造女装新颖的美感（图 4-8 和图 4-9）。

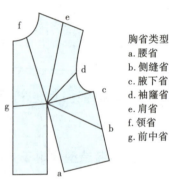

胸省类型
a. 腰省
b. 侧缝省
c. 腋下省
d. 袖窿省
e. 肩省
f. 领省
g. 前中省

图 4-7　胸省示意图

图 4-8　胸省①

图 4-9　胸省②

2. 背省

背省（图4-10）造型的省道设计主要围绕肩胛骨展开，可分为肩胛骨省、领胛骨省和横肩省等。省尖指向肩胛凸起范围，以肩胛造型美观为标准（图4-11）。

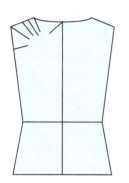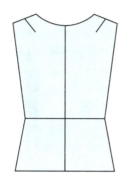

图4-10 背省示意图　　　　　　图4-11 背省类型

3. 腰省

腰省是在服装中进行腰部造型设计的省道设计，腰省有前腰省和后腰省之分。腰省的位置一般设计在前后腰节线上，腰省的大小和造型因服装的整体造型和着装的整体需要而定。为满足审美需要，也可以将腰省与胸省或臀省联合设计。

4. 臀位省

臀部造型的省道设计叫臀位省。臀位省在男女裤装和女裙、连衣裙中应用较多，腰省和臀位省联合使用的称为腰臀省（图4-12）。省道的长短、省量的大小，完全取决于人体。

在服装结构图里，省道一般为三角形，但实际收省时，因塑造形体起伏曲面的需要，省道的结构线会变成弧线或曲线，使服装具有立体、圆润的美感。

图4-12 腰臀省示意图

四、褶裥设计

1. 褶裥

褶是部分衣料经缝缩形成的自然褶皱，裥是衣料折叠熨烫而成的有规律、有方向、有折痕的褶皱。可见，褶裥都是使服装面料聚集形成的不同外观效果的皱褶，具有取代省道和美化服装的作用，与省道相比，其更富于变化和立体感。褶裥按其所在部位、折叠和缝制方式的不同，可分为有规则褶裥（图 4-13）和无规则褶裥（图 4-14）。

图 4-13　有规则褶裥

图 4-14　无规则褶裥

（1）有规则褶裥按折叠方向和熨烫方法不同分类

可分为以下几种：

①顺裥：将面料进行顺向折叠排列熨烫形成的褶裥。

②箱式裥：将面料进行双向折叠排列熨烫形成的褶裥。

③风箱式裥：将面料进行反向折叠排列熨烫形成的褶裥。

（2）无规则褶裥按制作方法和抽褶形式不同分类

可分为以下几种：

①抽碎褶：用缝线抽缩成不定型的细褶，或用橡筋线做车缝底线，使布料自由收缩的细小皱褶，或用橡筋收缩的皱褶。

②自然褶：利用布料的悬垂性以及布料的斜度和曲度自然形成的褶。

③堆砌褶（图 4-15）：利用衣褶的平行并置、交叉缠绕、螺旋堆砌等方式在服装上形成视觉效果强烈的褶造型。堆砌褶典雅、华美，适用于礼服的设计。

图 4-15　堆砌褶的华美

2. 褶裥的运用

由于面料的质感差异，褶的位置、层次、疏密等的变化，褶裥会使服装产生奇妙的层次感和光影感。通常，有规则褶裥线条刚劲挺拔、律动感强；无规则褶裥线条自由多变、活泼、流畅。若用丝绸等光感好且柔软轻薄的面料，无规则褶裥更显精美、高雅、华丽。

褶裥在女装上的运用较为普遍，如胸部、领部、腰部、袖口、衣摆、裙摆等，也可用于男士的休闲装和衬衫等，由于褶裥的丰富与韵律，会使服装产生意想不到的效果。

第三节 服装细节设计中零部件的设计

服装零部件的设计是指与服装主体相配,突出主体风格,具有功能性和装饰性等组成部分的局部造型设计,如衣领、衣袖、腰节、门襟、衣袋、连接等设计。零部件设计受整体设计的约束,并影响整体设计的视觉效果。精美的零部件设计是对整体设计的调节、补充、烘托和强化。

一、衣领设计

衣领在局部造型设计中至关重要,因为衣领接近人的脸部,容易吸引视线。精致的领部设计不仅可以美化服装,而且可以美化人的面部,使服装产生新颖、别致的设计效果。通常情况下,衣领设计是依据人的颈部基准点:颈后中心点、颈侧点、颈前中点、肩端点进行的,根据衣领的结构及其与衣身之间的关系,衣领主要分为以下几种类型:

1. 连身领

连身领包括无领和连身立领两种。

(1) 无领

衣身上没有装领,领口线造型即为领形。其特点是造型线丰富,领形简洁自然,能突出颈部的优美。由于领线位置的不同,工艺处理、装饰手法的差异,又使不同的无领造型展示出多种风貌。无领常用于夏装、晚礼服、休闲T恤和内衣等设计中。无领具有多种形状并各具特色。

①圆形领(图4-16)。圆形领庄重、自然、活泼、优雅,适合设计不同套装、休闲装和内衣。

②方形领。方形领口小的,严谨、端庄;口大的,高贵、浪漫。适合夏装、晚装的设计。

③V形领(图4-17)。浅V领柔和、雅致,适于休闲装及内衣设计;深V领严肃冷漠,用于礼服设计。

④船领(图4-18)。船领简洁雅致、大方潇洒,适于夏装、休闲装、针织服装及晚装设计。

图4-16 圆形领

第四章
服装的细节设计

图 4-17　V 形领

图 4-18　船领

⑤一字领。一字领舒展高雅、含蓄柔美，适于夏季、春秋季的女装设计（图 4-19）。

⑥其他领形。通过造型变化，无领形也可以设计出多种样式。这些领形装饰变化丰富、造型巧妙，适于时装和表演装设计。

（2）连身立领（图 4-20）

连身立领指领子与衣身连成一体，通过收省、抽褶等方法得到领部造型。其特点是流畅、柔和、含蓄、清秀、典雅，适于女装设计。

图 4-19　一字领

图 4-20　连身立领

2. 装领

装领是领子与衣身分开，通过缝合、按扣、纽扣、拉链等连接形式装在衣身上形成的衣领造型。装领根据衣领结构不同，可分为以下几种：

（1）立领（图4-21）

这是领片竖立在领圈上的领形。领座紧贴颈部周围的，为直立领；领座与颈部有一定倾斜距离的，为倾斜式立领。内领式立领含蓄收敛、严谨端庄，有东方情调；外倾式立领豪华优美、挺拔夸张，有欧美韵味。

（2）翻领（图4-22）

翻领是领面向外翻折的领形。其中领面从无领座的领圈向外翻出，平贴肩部的领形为平翻领，有阔肩宽胸的特点；领面在领座上向外翻折，称为立翻领，端庄而严谨；翻领与帽子相连，称为连帽领。在翻领设计中，领座的高度、翻折线的位置、领面的宽度均影响领部的造型效果。无领座翻领舒展、柔和，具有显著的女性特征，如披肩领、海军领；有领座的翻领领面可宽可窄，翻领外形线造型自由，适于女式衬衫、裙装、时装、大衣，男士休闲装和大衣有时也会采用。

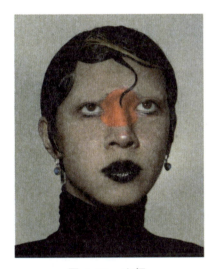

图4-21 立领

图4-22 翻领

（3）驳领（图4-23）

驳领由领座、翻领、驳头三部分组成。驳领与翻领不同的是将衣身上的翻折部分——驳头与翻领连接在一起，驳领庄重、洒脱，常用于男女西服、套装、大衣的设计。驳领的设计变化由领口深浅、领面宽窄、驳头的形状、串口线的位置、搭门的宽度来决定。窄驳领比较职业化；宽驳领比较休闲；小驳领比较秀气优雅、简洁自如；大驳领则大气、庄重、高雅；连驳领温柔、抒情、华贵、文静，如青果领。

图4-23 驳领

（4）组合领形

在服装设计中，领形会有多种变化，两种或几种领形可以组合在一起形成新的风格，组合的领形往往新潮时尚、富于变化，易于形成独特的设计风格。

衣领的设计要强调与服装整体风格相一致，只有衣领与整体设计风格相协调、格调统一时，才能体现出服装的整体美感。如荷叶领与浪漫、温柔的服装风格相协调；直线领适于严谨、简洁、大方的服装风格；曲线领适合优雅、华丽、可爱的风格；大领口适于宽松、凉爽、随意的风格，小领口适于严肃、拘谨的风格等。

二、衣袖设计

衣袖和衣领一样，是服装设计的主要部件。由于人的上肢是人体活动最频繁、幅度最大的部分，所以衣袖的设计首先应具备机能性，其次要与服装整体效果协调统一。

衣袖设计主要分为三个部分：袖山设计、袖身设计、袖口设计。

1. 袖山设计

袖山设计是根据衣身与袖子的结构关系进行的，据此可将袖子分为装袖、连身袖和插肩袖。

（1）装袖

装袖是衣袖和衣身分开裁剪，然后再缝合而成的一种袖山。西装的袖子是典型的装袖，它符合人体肩臂部位的造型，具有线条流畅、穿着平整适体、外观挺括、端庄严谨、立体感强的特点。装袖根据袖山的高低可分为圆装袖和平装袖。

1）圆装袖

袖子装好后，袖山与袖窿的造型圆润饱满。一般袖山弧线大于袖窿弧长，如西装袖的袖山为3~4cm，袖山边缘通过"归"的工艺处理实现肩袖部位造型。圆装袖常用于正装和西装中。

2）平装袖

平装袖的结构原理与圆装袖相同，但袖山弧长与袖窿弧长相等，袖山比圆装袖低，袖根比圆装袖宽，常常肩点下落，因此平装袖又称落肩袖。平装袖多采用一片袖裁剪，穿着舒适、宽松，适于外套、风衣、夹克等简洁、休闲的服装设计。

（2）连身袖（4-24）

连身袖的衣袖肩部与衣身连成一体，又称连袖。

1）中式连袖

袖身与肩线成180°，平面直线裁剪，肩部没有连接缝，穿着时肩部平整圆润、宽松舒适，活动随意自如，多用于老年服装、中式服装、练功服和睡衣等设计中。

2）西式连袖

肩线有斜度，袖身与肩线形成一定的角度，一定程度上减少了中式连袖腋下堆砌的皱纹，造型线条柔和含蓄，穿着宽松、飘逸、雅致、优美，多用于夏季女装、休闲装和时装的设计中。

图 4-24 连身袖

（3）插肩袖

插肩袖（图4-25）是袖子的袖山延伸到领围线或肩线的袖形，延长至领围线的，称全插肩袖，延长至肩线的，称半插肩袖。依据袖子的造型要求，插肩袖可分为一片袖和两片袖。插肩袖因袖形流畅、宽松、舒展，穿着舒服、合体，适于运动服、大衣、外套、风衣等设计。不同的插肩袖和不同的工艺有着不同的风格倾向，如抽褶、曲线的插肩袖柔和、优美，适于女装；而直线、明辑线刚强有力，适于男装夹克和风衣。

图 4-25 插肩袖

2. 袖身设计（图 4-26）

袖身根据服装整体造型的需要可分为紧身袖、直筒袖和膨体袖。

（1）紧身袖

紧身袖是袖身形状紧贴于臂的袖形，一般是一片袖设计，采用弹性面料完成，造型简洁，工艺简单。多用于练功服、舞蹈服、健美服、毛衫、针织衫的设计中。

图 4-26 袖身设计

（2）直筒袖

　　直筒袖是指与手臂形状肥瘦适中、袖山圆润、袖身顺直的袖形，通常由两片袖组成。男装大多使用直筒袖，显得顺畅、大方；女装多用于职业装、风衣设计中，显得经典、优雅。

（3）膨体袖

　　膨体袖的袖身比较夸张，膨大宽松，膨起的部位可以是袖山、袖中和袖口，如泡泡袖、羊腿袖、灯笼袖。膨体袖多用于时尚女装、运动服、少女装和童装中。

3. 袖口设计

　　袖口设计首先应考虑穿着的功能性，如工作服的袖口，既要收紧不影响工作，又要穿脱方便，舞蹈演员的袖口，既要挥洒自如，还要飘逸美观。通常，袖口围度的变化和装饰的不同要与服装的整体风格相呼应。

（1）收紧式袖口（图4-27）

　　这类袖口用袖克夫、松紧带或螺纹将袖口收紧，显得利落、严谨、灵巧，多用于衬衫、工装、夹克衫设计。

（2）开放式袖口（图4-28）

　　该袖口自然展开呈松散状态，宽大舒适，或在袖口予以装饰，显得雅致、精美。适于风衣、西装、连衣裙和礼服设计。

　　其实，在衣袖的设计过程中，除了袖子本身从袖山、袖身到袖口的变化外，它与衣身结构的组合形式也多种多样，这就使得袖子的设计变化无穷。无论怎样，设计者都要把握一个原则，就是衣袖的设计应服从于服装的整体风格要求，以强化整体设计为目的。

图4-27　收紧式袖口

图4-28　开放式袖口

三、腰节设计

腰节设计（图4-29）是指上装或上下连接服装腰部细节的设计，腰节设计在服装整体设计中占有较大的比重，它影响着服装的廓形设计和整体风格，女装中的腰节设计尤为重要。腰节设计不仅可以使用分割线、装饰线、省道等造型方法，还可以使用褶裥、螺纹、腰带、各种花结等工艺手法，依据腰节等工艺手法，依据腰节部位不同的造型、工艺、装饰，可以使服装产生或粗犷、轻松、洒脱、自然，或优雅、柔美、灵秀、时尚等不同效果。

图4-29　腰节设计

四、门襟设计

由于人体是对称的，大多数服装都使用门襟开口在前中心线上的对称式门襟，对称式门襟严谨而正式，其居中的位置使之成为服装的视觉中心，影响着服装的视觉效果。同时，服装的设计者与欣赏者对服装追求新变化、奇异的心理又使不在前中心线上的侧开式门襟、偏襟、背开式门襟也成为吸引视觉的焦点。门襟的设计可以创造服装的不同风格，如西装、军服用纽扣连接的闭合门襟，显得正式、严谨、庄重、典雅，披肩式毛衣、休闲外套不需要任何方式闭合的敞开式门襟，显得飘逸、洒脱、粗犷、奔放，还有通过镶边、嵌条、刺绣、珠绣等工艺处理的门襟，显得精致、考究、炫彩、华丽（图4-30）。

图4-30　门襟设计

五、衣袋设计

衣袋设计（图4-31）要依据其功能性与审美要求，结合衣领、衣袖、衣身的整体造型，运用形式美法则进行构思，使衣袋的形状、大小、比例、位置、风格与服装整体和谐统一。

衣袋的品种较多，归纳起来可分为贴袋、挖袋、插袋、假袋和复合袋五种。

1. 贴袋

贴袋是将布料裁剪成一定形状贴缝在服装上的一种衣袋，可分为平贴、立体贴、有袋盖和无袋盖等形式，贴袋外露、舒展、随意、休闲，常用于休闲西服、夹克、家居服和童装设计，运用在家居服和童装上的贴袋因图案的自由宽泛、工艺变化多样而使得服装韵味丰富、意趣盎然。

图4-31　衣袋设计

2. 挖袋

在服装上根据设计要求将面料挖开一定的开口，再从里面装上袋布，在开口处缝合固定而成的衣袋称为挖袋，也称暗袋或嵌线袋。其袋线简洁，袋体隐蔽，感觉规整含蓄，多用于正装、运动装、休闲装的设计，如男西装双侧的暗袋。暗袋有袋盖和无袋盖之分、单嵌线和双嵌线的不同。

3. 插袋

插袋指袋口设置在衣缝处的挖袋，与挖袋的区别在于，袋口的衣缝处是特意留出的，而不是在面料上挖开的，显得隐蔽、含蓄、成熟，插袋位置一般在衣身侧缝、公主线缝、裙侧缝上，袋口可以镶边、嵌线或装饰，多用于经典成衣中。

4. 假袋

在现代服装设计中，假袋是为了追求造型上的设计效果而进行的口袋设计，只有装饰功能，没有实用功能，可以丰富服装的造型变化，烘托服装的整体气氛，增添服装的审美情趣。

5. 复合袋

服装设计因社会的进步而更加强调衣着的装饰美。现代时装特别是休闲装，流行复合衣袋，即多种衣袋自由组合、重叠、复合，从而产生多功能、多层次的效果，使服装新颖、别致、时尚。

六、连接设计

大多数服装穿在人体上是需要闭合的，如何闭合，也就是如何连接。连接部分既要有实用功能，也要有审美功能，粗糙的连接直接影响服装的品质，精致的连接则可以补充服装造型设计的不足，常用的连接有纽扣、拉链、粘扣以及绳带等（图4-32）。

1. 纽结

纽结既是服装上的功能部件，又是服装上的装饰部件，因在服装上的数量和选配的不同而影响服装的整体效果和风格。如单粒纽结会以点的形式出现在服装上而形成视觉中心；多粒纽结的秩序排列又以线的形式影响服装的造型；

图4-32　连接设计

暗门襟上的纽结保证了服装造型的延续和完整；装饰纽结的使用会使服装打破原有的平淡而变得活泼生动，纽结连接中的纽扣选择、扣位的距离、纽结的方式都因服装的季节、造型、风格不同而不同，其设计强调的是以协调统一为原则，以变化、呼应为目标。

2. 拉链

拉链是代替纽结的服装部件，同样具有连接功能和装饰作用。使用拉链连接，简洁、方便、随意。拉链根据服装外观效果的需要，可分为明拉链和暗拉链，明拉链主要用于门襟、领口、裤门襟、裤脚或装饰。拉链按材质不同，可分为金属拉链、塑料拉链和尼龙拉链，同时也决定了其用途的不同，金属拉链多用于皮衣、夹克、牛仔裤中；塑料拉链多用于冬装、运动服和针织衫上；尼龙拉链多用于夏季服装和内衣上。

3. 袢带和粘扣

袢带与纽结功能相同，除了起紧固某些部位的作用外，还起装饰作用，如上衣、夹克、风衣或大衣的领、肩、腰、袖口、袋边等部位设置的袢带，具有较强的装饰美化作用。

粘扣常代替拉链和纽扣，用于服装的门襟、袋口、包袋等的连接处，起固定作用，粘扣表面没有连接痕迹，整洁平实，设计师可依据服装设计的造型、风格的需要加以选择。

4. 绳带

绳带（图4-33）是服装上常用的连接方式，可用于领围、帽围、腰头、袖口、裤脚口、下摆等处，常用的绳带有松紧带、螺纹带、布带、尼龙带。有弹性的，可用于袖口、裤口或运动服上；没有弹性的，常用于下摆、领围、帽围。绳带的介入使服装的局部有抽褶的效果，用于裙摆和衣摆处，使服装造型灵便、轻盈；用于袖身与腰身，使服装造型自然、活泼；用于侧缝，则使服装造型新颖、别致。

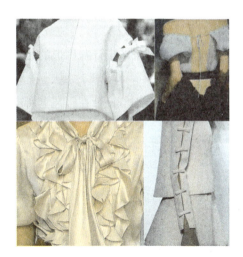

图4-33 绳带

5. 腰头线与腰头

腰头线（腰位线）指与裙装和裤装相连的腰部和腰部边缘连接处，其造型影响着服装效果，反映着流行变化，按腰头线的位置不同，腰头线设计可分为高腰设计、中腰设计和低腰设计。

高腰设计，由于腰头线提高，下肢显得修长，使服装整体效果优美、轻盈，如高腰连衣裙和连裤装；中腰设计，即标准腰位设计，显得端庄、优雅；低腰设计是将腰头线下落接近臀位，

第四章
服装的细节设计

突出腰部曲线,显得活泼、别致、时尚。

腰头(图4-34)有绱腰和无腰之分,绱腰设计适体、多变、严谨;无腰设计简洁、精致、线条流畅。腰头的连接也有拉链、门襟等多种形式。设计师可依据服装造型的需要设计腰头线与腰头,使服装整体效果完美统一。

图4-34 腰头设计

【思考题】

1. 怎样实现服装细节设计与廓形的相互协调统一?

2. 分析探讨服装细节设计在服装上所形成的风格倾向。

3. 如何理解分割线和装饰线的关系?

4. 谈谈省道的具体内容。

5. 无领的具体分类有哪些?

【课后项目练习】

1. 运用联合省道进行两款胸部造型和臀部造型设计。
2. 运用不同的褶裥设计四款女装。
3. 运用褶裥设计男装：一款休闲装、四款衬衫。
4. 运用手绘方式做如下创意设计，每种类型设计 20 款。

    A. 衣领设计

    B. 衣袖设计

    C. 衣袋设计

    D. 腰节设计

    E. 门襟设计

    F. 连接设计

5. 运用不同的分割线、装饰线、省道线进行款式设计，每种线形设计三款。

第五章 服装分类设计

知识目标

本章要求学生掌握服装分类设计的意义、原则等相关概念，同时掌握按照国际通用标准分类的服装设计、按照年龄分类的服装设计、按照性别分类的服装设计、按照目的分类的服装设计等常见的服装分类设计的具体内容。

技能目标

理解并且识记什么是服装的分类设计原则，同时能够识别不同服装分类设计方法的特点，掌握常见的服装分类设计的具体标准及其表现形式，在进行服装设计的过程中，能够全面且准确地把握设计要素。

情感目标

培养学生作为服装设计师应具备的基本素质和文化修养，加强学生对服装分类设计概念的认识以及对服装分类设计原则的理解；促使学生作为设计者能够在对单项设计理解的基础上对整体设计进行全方位的构思，提出既符合要求又有突破创新的最佳设计方案。

 思维导图

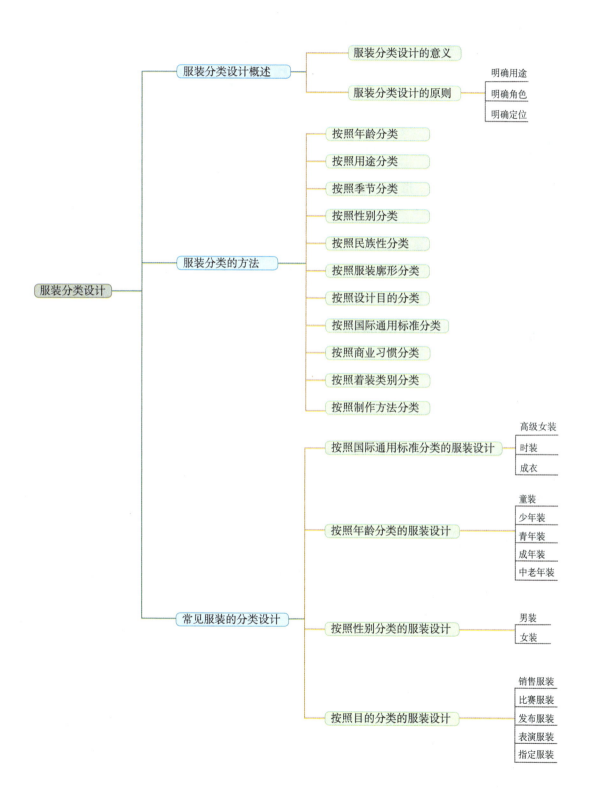

第五章 服装分类设计

第一节 服装分类设计概述

一、服装分类设计的意义

服装设计在任务不具体、指令不确定时,设计的概念是模糊的、不能定位的。如进行女装设计,设计师首先要弄清诸多概念:穿的时间、地点、场合,着装者的年龄、气质、身材、身份,服装的廓形、色彩和风格等,然后才能进行设计。只有明确了上述类似的限定,设计者才能细致、全面、准确地把握好设计要素,完成设计。

服装分类设计就是对服装设计提出总的设计要求,使设计者在对单项设计理解的基础上对整体设计指令进行全方位的构思,提出既符合要求又有突破创新的最佳设计方案。

二、服装分类设计的原则

现代服装设计师无论设计何种服装,均应掌握如下三项原则:

1. 明确用途

明确用途是指设计者的设计目的明确和服装的去向明确。设计者要明确自己设计的服装是要参加设计比赛还是宣传企业形象,或是投放目标市场;是职业装还是礼服,或是舞台服装等。设计者只有明确了服装的用途,才能确定设计方向。

2. 明确角色

明确角色是指设计者不但要了解着装者的年龄、性别和服装类别,还应对其社会角色、经济状况、文化素养、性格特征、生活环境等有所了解,从而使设计合理、科学。赢得消费者的认可,并具有占据市场的优势。

3. 明确定位

这里的定位是对服装风格、内容和价格的定位。风格定位是指对服装的品位和格调的定位,与穿着者的个性气质、审美水准、文化素质、艺术修养等有直接关系。内容定位是指对服装的具体款式、色彩、功能的定位,要符合着装者的个性、身份。价格定位是针对销售服装而言的,价格定位涉及生产者、销售者、消费者各方面的利益,对于销售者而言,定位高,虽然利润丰厚,却有滞销风险;定位低,却利润微薄。因此,设计师须充分了解市场,掌握市场的需求与动向。

第二节 服装分类的方法

常见的服装分类方法如下：

1. 按照年龄分类

① 婴儿装：0~1 岁儿童穿用的服装。
② 幼儿装：2~5 岁儿童穿用的服装。
③ 儿童装：6~12 岁儿童穿用的服装（图 5-1）。
④ 少年装：13~17 岁少年穿用的服装。
⑤ 青年装：18~30 岁青年穿用的服装（图 5-2）。
⑥ 成年装：31~50 岁成年人穿用的服装。
⑦ 中老年装：51 岁以上的中老年人穿用的服装。

图 5-1　儿童装

图 5-2　青年装

2. 按照用途分类

① 日常生活装：在生活、学习、工作、休闲、旅游等场合穿用的服装，如家居服（图 5-3）、学生服、运动服等。
② 特殊生活装：少数人日常生活穿用的服装，如孕妇服、病员服（图 5-4）等。
③ 社交礼服：在比较正式的场合穿用的服装，如晚礼服（图 5-5）、婚礼服、葬礼服、午后礼服等。
④ 特殊作业服：在特殊环境下穿用的服装，如消防服、防辐射服、宇航服、潜水服（图 5-6）等。
⑤ 装扮服：在装扮和演出的场合穿用的服装，如迷彩服、戏剧服等。

图 5-3　家居服

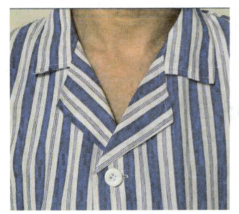

图 5-4 病员服　　　　　图 5-5 晚礼服　　　　　图 5-6 潜水服

3. 按照季节分类

① 春秋装：春秋季节穿用的服装，如套装、风衣等。
② 夏装：夏季穿用的服装，如 T 恤、短裤、连衣裙等。
③ 冬装：冬季穿用的服装，如大衣、滑雪衫、羽绒服等。

4. 按照性别分类

① 男装。
② 女装。

5. 按照民族性分类

① 中式服装（图 5-7）：具有典型中式风格的服装，如唐装等。
② 西式服装（图 5-8）：具有典型西方特色的服装，如西服等。
③ 民族服装（图 5-9）：具有民族特征的服装，如朝鲜族服饰等。
④ 民俗服装：带有地域文化色彩的服装，如阿拉伯民族服饰等。
⑤ 国际服装（图 5-10）：在世界范围流行的服装，如现代职业服装等。

图 5-7 中式服装

图 5-8 西式服装　　　　图 5-9 民族服装　　　　图 5-10 国际服装

6. 根据服装廓形分类

① 规则几何形服装（图5-11）：如三角形、长方形服装等。
② 自由几何形服装（图5-12）：如S形、放射形服装等。
③ 字母形服装：如A形、H形、X形、V形服装等。
④ 物象形服装（图5-13）：如吊钟形、酒杯形服装等。

图5-11　规则几何形服装

图5-12　自由几何形服装

图5-13　物象形服装

7. 按照设计目的分类

① 比赛服装：为参加服装设计比赛而设计的服装。
② 表演服装：为各种表演而设计的服装。
③ 发布服装：为服装发布会而设计的服装。
④ 销售服装：为市场销售而设计的服装。
⑤ 指定服装：为特殊要求而设计的服装。

8. 按照国际通用标准分类

① 高级女装：在高级女装店为顾客量身定制、完全由手工制作或加工零售的女装。
② 时装：介于高级女装和成衣之间的具有流行意味、顾客目标较为明确的时髦服装。
③ 成衣：流水线上批量生产的标准号型服装。

9. 按照商业习惯分类

① 童装：7~12岁儿童穿用的服装。
② 少女装：20岁左右女性穿用的服装。
③ 淑女装：年纪较轻的女性穿用的服装，风格优雅、稳重大方。

④职业装：在有统一着装要求的环境中穿用的服装。
⑤男装：男性穿用的服装。
⑥女装：女性穿用的服装。
⑦家居服：平时在家穿用的服装。
⑧休闲服：非正式场合穿用的服装。
⑨运动服：体育运动或锻炼时穿用的服装。
⑩内衣：紧贴皮肤层的服装。

10. 按照着装类别分类

①外衣：穿在最外层的服装。
②内衣：紧贴皮肤层的服装。
③上装：穿在上身的服装，如衬衫、夹克等。
④下装：穿在下身的服装，如裙、裤等。

11. 按照制作方法分类

①套头式服装（图5-14）。
②缠绕式服装（图5-15）。
③前扣式服装（图5-16）。
④披挂式服装（图5-17）。
⑤体型式服装（图5-18）。
⑥连体式服装（图5-19）。

图 5-14　套头式服装

图 5-15　缠绕式服装

图 5-16　前扣式服装

图 5-17　披挂式服装

图 5-18　体型式服装

图 5-19　连体式服装

第三节 常见服装的分类设计

一、按照国际通用标准分类的服装设计

所谓的通用标准分类,就是将服装的流行趋向、生产制作规模、着装者的个人综合因素结合在一起而形成的习惯性的分类。

1. 高级女装

最原始的高级女装(图5-20)属于法国独创的时装艺术,是展示设计者独特风格、设计思想和高超工艺的一种服装形式。英国人查尔斯·弗莱德里克·沃斯(Charles Frederick Worth,1826—1895年)于1858年在法国建立了世界上第一家服装店,制作最早的高级女装,专为拿破仑三世的皇后和地位显赫的贵妇们服务。1868年,沃斯又建立了世界上最早的时装设计师协会,1936年,重新命名为高级女装协会。沃斯因对现在服装业所做的贡献而被誉为"高级女装之父"。

图5-20 高级女装

高级女装属特殊定制的服装,按法国高级女装协会规定,成为高级女装品牌需满足如下特殊要求:
①在巴黎设有设计工作室;
②完全由手工制作;
③量身定做,反复试样;

④每年一月和七月召开两次发布会,每次展出不少于75件日装和晚装;
⑤常年雇用三人以上专职模特。

高级女装的特点是面辅料高档,结构繁复,做工一流,造型夸张,装饰精巧,风格高贵、浪漫、奢华。因此高级女装价格异常昂贵,其顾客大多是皇室成员、名媛贵妇、歌星影后等特殊消费群体。受现代成衣业发展的影响,高级女装的概念也已宽泛了许多,虽然仍是量体裁衣,单独制作,追求经典、优雅、精致和华丽,但在设计手法、造型风格和美学概念上更为年轻、时尚和前卫,在生产数量上也有所增加,体现了高级女装发展的新趋势。

2. 时装

时装(图5-21)介于高级女装和成衣之间,比不上高级女装奢华昂贵,却比成衣多样新颖,产品数量多于高级女装,少于成衣,具有明显的流行倾向。此外,由于人们生活水平的提高和现代服装业的发展,消费者对时装的要求更加个性化,使得时装与成衣的距离越来越近。

图 5-21 时装

3. 成衣

成衣(图5-22)是指工业化流水线生产的服装,我们日常生活的穿着都属于成衣。现代缝纫设备为成衣业服务,使批量化生产标准类型的服装得以实现;商业经营理念的转变为成衣销售明确了方向,使成衣的发展越来越多样化、正规化、高级化。追求批量生产、流水线作业的成衣设计须重视以下两点:

(1)成本意识

成衣设计面对广大普通消费者,必须以最低的成本体现最完美的形象,过多的装饰和复杂的工艺会增加产品的附加值,使成衣缺乏市场竞争力。

(2)流行意识

流行性是成衣设计的灵魂。服装设计是一门时尚艺术,消费者的消费意识深受审美情趣和流行因素的影响,因此要求成衣设计者必须站在流行前沿,把握流行趋势,为成衣业发展准确定位。

图 5-22 成衣

二、按照年龄分类的服装设计

1. 童装

童装可以分为婴儿装、幼儿装和儿童装。各年龄段的儿童因其生理和心理特征不同，对服装的要求也不同。

（1）婴儿装（图5-23）

一周岁以内的儿童称为婴儿。婴儿装造型简单，以方便舒适为主，还需要增加适当的放松量，以适应孩子较快成长的需要。由于婴儿骨骼柔软，皮肤娇嫩，睡眠时间长，因此婴儿装应尽量减少分割线、缝缉线以及橡筋的使用，以保证服装的平整光滑；婴儿的颈短，应以无领和领腰较低的领形为主，在袖形设计上，月龄较小的婴儿装多采用中式连袖和插肩袖，较大的婴儿可采用装袖设计，但袖长不宜过袖口，应宽松；婴儿装不宜采用套头设计，而应采用开合门襟，门襟的位置可设在前胸、侧面或肩部，用扁平的带子扣系，不宜用纽扣或拉链，婴儿的裤装可采用开裆式或裆部灵活扣系的形式，以便于护理和清洁；在婴儿服装的色彩设计上，由于周岁以内的婴儿视觉神经尚未发育完全，色彩心理不健全，不宜采用刺激性强、彩度高的色彩刺激其视觉神经。同时，婴儿的皮肤娇嫩，浅色可避免染料对其皮肤的伤害。所以这一年龄段的婴儿装颜色应以白色、浅色、柔和的暖色为主，可适当加些图案。

图5-23　婴儿装

（2）幼儿装（图5-24）

1~5周岁的儿童称为幼儿。幼儿装设计应注重整体造型。廓形以方形、长方形、A形为主，或采用连衣裤、连衣裙、背带裤、背带裙、背心裤、背心裙的方式，以防止裤子下滑和便于活动。

由于幼儿胸腹突出，上衣可在肩部和前胸设计育克和多褶裥，裙长以膝盖上为宜，还应考虑幼儿装的实用性，开口应在前面。幼儿的颈部较短，不宜设计高腰领形和繁复领形。在服装色彩设计上，2~3周岁的儿童可辨认鲜亮的色彩，4~5周岁的儿童可判别混浊暗色中明度较高的色彩，因此2~5周岁的幼儿装常采用鲜亮而活泼的对比色、三原色，或以色块镶拼、间隔，以达到色彩丰富、明朗醒目的效果。此外，幼儿对口袋和装饰感兴趣，口袋可以贴袋为主，适当加些具象图案，如花、叶、动物、文字等。

图5-24　幼儿装

（3）儿童装（图5-25）

儿童装又称学童装，是指6~12周岁的儿童穿用的服装，此年龄段的儿童处于小学阶段，应考虑适应学校生活和课内外活动的需要，款式设计不宜过于烦琐、华丽，造型以宽松为主。男女童装在品种、局部造型和规格尺寸上具有较大差异，色彩和装饰图案的运用也有所不同。这一年龄段的服装一般采用组合形式，以上衣、背心、衬衫、外套、裙装、裤装、大衣等组合搭配为宜。6~12周岁是培养儿童身心健康的关键时期，色彩的使用会直接影响到儿童的心理；专家发现，从小穿灰暗色调服装的女童易产生懦弱、羞怯、孤僻的心理，若换上橘黄或桃红色等鲜亮的服装，则会有所改善；经常穿紧身、深暗色服装的男童，易产生不安、怪癖的心理，若换上黄绿色系列的温和色调宽松服装，则会使其心态产生转变。因此，儿童装的配色应营造积极向上、生动活泼、健康可爱的氛围；包括图案也应该选用正面、积极、阳光的题材，以带动儿童向正确的、健康的心理方向发展。

图5-25　儿童装

2. 少年装

少年装（图5-26）是指13~17周岁的少年穿用的服装。这一年龄段的少年儿童体型已逐渐发育完善，尤其是女孩，其腰线、肩线、胸围线和臀围线已明显可辨，身材日趋苗条。女少年装可选用高腰、中腰、低腰，造型可以是A形、H形、X形，局部造型以简洁为宜；女少年装可在领、袖、腰的设计上多加变化，以丰富款式。男少年装通常由T恤、上衣、衬衣、长裤、短裤等组成。春秋有毛衣、外套、冬季有大衣。与成人款式基本相同。款式设计应简洁大方，具备一定的运动机能性，不宜加过多的装饰，服装色彩的彩度和纯度要有所降低，不宜像儿童装那样鲜亮。

图 5-26　少年装

3. 青年装

青年装是指 18~30 周岁青年人穿用的服装。这一年龄段的青年体型已发育成熟，对流行什么最为敏感，对服饰美的理解也各具独特视角。对形象美的向往和希望借助服装吸引异性的心理特征，使得这一年龄段的人非常注重服装的特色。青年装总的设计要求是造型轻松、明快、多变。性别特征明显。一般来说，女装造型极为丰富，以突出女性曲线为宜，局部多变，强调装饰，色彩或高雅文气，或艳丽活泼，或与流行密切相关；面料偏于新颖流行，追求品牌和个性化。男装造型挺直，结构略有夸张，讲究服装韵味和品质。

4. 成年装

成年装（图 5-27）是指 31~50 周岁的成年人穿用的服装。其实对服装的设计和选择，具体界定年龄并不准确，因为人的生理年龄和心理年龄有着微妙差异，有些人虽然生理年龄进入成年阶段，但相貌、体态、心理和对服装的要求仍处在青年人的行列；有的老年人不喜欢选择老年服饰，而希望选择成年服饰。总体来讲，成年装追求造型合体、端庄、稳重，重视个人品位，强调服装的简洁与精致。着装者希望以服装突显自己的气质、修养、身份和地位。因此，品牌在这一群体的心中占据重要位置。

图 5-27　成年装

5. 中老年装

中老年装是指 50 周岁以上的中老年人穿用的服装。这一年龄段的群体因形体及心态的变化而追求服装风格上的沉稳优雅，选择服装或者注重宽松舒适，或者注重修正体态；色彩上通常以明快色调和暖色调为主，平稳和谐，偶尔鲜亮活跃；并且讲究面料的柔软舒适，装饰得恰到好处。对设计师而言，设计朝着年轻化为宜。

三、按照性别分类的服装设计

1. 男装

男装需要表现男性的气质、风度和阳刚之美，强调严谨、挺拔、简练和概括的风格。设计着重整体的廓形、简洁合体的结构比例、严格精致的制作工艺、优质实用的服装面料、庄重和谐的服装色彩、协调得体的服饰配件。

（1）礼服

男装中的礼服分为燕尾服、晨礼服和西服套装。

1）燕尾服

燕尾服也称晚礼服，指下午6：00以后穿着的高级礼服。燕尾服是前襟短至臀上，后摆成燕尾状的西服，驳领常采用半戗驳领与丝瓜领，前胸双排扣，以黑色或深色毛料制作，领面选用具有光感的绸缎，与黑色、深色或白色背心，以及白色硬领、前胸缀有褶裥的衬衫、西裤搭配。

2）晨礼服

晨礼服（图5-28）为白天参加各种仪式，如结婚庆典、告别酒会、丧事活动时穿用的正式礼服。晨礼服是前襟至后摆逐渐加长，呈圆弧形的西服。后摆开衩，戗驳翻领，前腰处使用一粒纽扣，以黑色毛料制作，配以同一面料的背心。与黑色或带条纹西裤、白色衬衫搭配。

图5-28　晨礼服

3）西服套装

这是晚会用的准礼服，或称正餐外套、晚礼外套。也可在一般正式的场合穿用，通常与同一面料的背心、西裤以及衬衫、领带搭配。西服套装一般为平驳领、戗驳领、丝瓜领配以单排扣或双排扣。近几年来略有变化，如门襟和下摆的造型，驳领形状、大小、宽窄以及驳口的高低腰身形状，后背与侧缝是否开衩等都有变化。西服套装的面料也较为宽泛。

(2) 衬衫

男衬衫的款式变化较多，依穿着场合和功用的不同可分为以下几类：

1) 礼服衬衫

礼服衬衫（图5-29）在礼仪庆典上常与燕尾服和晨礼服配合穿用。以平挺、华美的外观显示出优雅高贵的绅士风度。衬衫合体，略有腰线，前胸用坚胸或褶裥装饰；有的领部为翼领造型。

图5-29 礼服衬衫

2) 日常衬衫

日常衬衫有两种：一种是穿在西服内的；另一种是外穿的。一般而言，西服内穿用的衬衫造型尺寸与礼服衬衫相同，只是前胸不必有坚胸和褶裥装饰。外穿的衬衫造型宽松舒适，腰为直线，门襟有贴门襟和普通门襟两种；色彩多为浅色，以浅色条纹、格子为主；秋冬季也有深色，面料为棉、毛、麻及其他化纤混纺等。

3) 休闲衬衫

休闲衬衫（图5-30）衣身宽松，衣袖随意，长短不限，下摆多样。面料风格依个人喜好自由选择，常给人以舒适、洒脱、轻松、自由之感。

(3) 裤装

裤装是男装中下装的固定形式。裤子的种类繁多，有西裤、工装裤、运动裤、滑雪裤、牛仔裤、高尔夫球裤、马裤等。直线造型、宽窄适中的裤装简洁合体、舒适庄重；低腰紧身的裤装贴体、收敛、矫健、利落；宽松深裆的裤装随意轻快、灵活自然。随着时尚流行的变化，裤装的造型、结构、部件和面料都有了改变，设计者可以从造型变化、结构创意、部件设计、精美工艺和面料选择等方面入手，创造出裤装的多种风格和效果。

图5-30 休闲衬衫

(4) 便装夹克

便装夹克长度较短，一般在腰胯之间，胸围和衣袖宽松适度，较为轻便灵活。便装夹克从廓形上大体可分为V形、T形、H形。V形的便装夹克，肩部夸张，腰身宽松，风格粗犷；T形的便装夹克，依据男性形体特征设计，基本合体，短小精悍，轻松简洁；H形的便装夹克，属直身造型，宽松适度，大方利落。

便装夹克的细节设计集中体现在领、肩、袖、门襟、育克、分割线和衣袋上。由于便装夹克在设计上很少有限定，设计师可以随意拓展自己的创意空间，运用各种设计元素与语言组合，大胆构思，自由发挥，以获得新颖别致的整体美感。

2. 女装

女装款式变化极为丰富，按服装形态可分为单件式、套装、外套、裙、裤等。按用途可分为礼服、日常服、家居服、运动服、旅游便装、职业装、特殊服装、内衣等。如果把造型、色彩、面料和结构上的差异都算在内，女装的款式更为繁多。但无论是哪一款，设计师和消费者所产生的共识都是建立在整体美、塑型美、款式美、色彩美、材料美、工艺美、风格美、机能美的基础上的。

西式礼服（图 5-31）——端庄秀丽、热情性感；
中式婚纱（图 5-32）——清纯高雅、圣洁华贵；
传统礼服——简练流畅、优雅飘逸；
日常生活装——舒适随意、淡雅温馨；
运动装和旅游便装（图 5-33）——轻松自由、活泼灵便；
职业装（图 5-34）——庄重优雅、干练别致；
特殊服装——科学实用、美观精致；
内衣——性感时尚、亮丽华美。

总之，设计师要针对自己所积累的素材，运用美的法则合理组织、巧妙构思，创造出别样、唯美的艺术效果。

图 5-31　西式礼服

图 5-32　中式婚纱

图 5-33　运动装和旅游便装

图 5-34　职业装

四、按照目的分类的服装设计

1. 销售服装

占服装总数90%的服装是用于市场销售的，因此，设计的重点是促进销售。销售服装以营利为目的，是服装生产企业和经营商的经济行为，获利的份额在很大程度上取决于销售量的多少。销售服装既然以营利为目的，就需要生产企业考虑本产品与同类产品相比较是否具有竞争力，产品是否是受消费者喜爱的热销产品，产品的销售渠道是否畅通无阻等，也就是说，对于销售服装来讲，重要的是设计定位、价格定位和渠道定位。销售服装的设计定位与流行趋势密切相关，落后于流行的设计，必定会失去市场，而超前于流行趋势的设计，不一定唤起消费者的购买意识，因此，对于品牌企业说，既能保持原有风格，又能在色彩、造型、面料等方面与流行趋势同步，这是企业发展的前提。同时，一个国家或地区的经济文化水平也制约着销售服装的销售前景，发达地区经济活跃，人们的生活水平高，有利于销售服装的高位定价。另外，销售服装从设计的角度应注意工艺简洁，提高加工效率，降低产品成本。销售服装只有真正做到面料别致、设计新颖，有出色的中间商、经营商参与，才能增加取胜机会。

2. 比赛服装

每年社会上都会举办各类服装比赛，主办者的目的各异，或为提高行业水准，或为提高主办商和赞助商的社会声誉，或为挖掘设计新人。目前在我国举办的服装设计比赛大体可分为两种形式：一种是创意设计；另一种是实用设计。创意设计比赛的服装要求主题明确、构思奇妙，因此，无论从造型、色彩、工艺、面料还是设计方法上，设计者都力求创造非凡。实用设计比赛的服装旨在要求作品利于销售，成为批量化生产的品种之一，但由于评选者倾向于审美，不是消费大众，所以，获奖的未必名副其实。

3. 发布服装

服装发布会的主旨在于宣传产品，树立品牌形象；发布流行信息，引导消费；征求服装订单，用于服装订货。由于服装发布的目的不同，设计构思的方式也不同。宣传品牌形象的发布会，要求设计带有鲜明的个性，极具渲染力，目标是抓住欣赏者的眼球，博得喝彩。发布服装流行信息的发布会，其服装既要超前，又要实用，使实用服装作为流行信息的载体，便于消费者接纳。争取订货的发布会，其主旨在于促销，设计者和生产商常常使出浑身解数，从产品设计、生产、销售到售后服务，每一环节都尽最大努力以赢得客户，把握商机。

第五章
服装分类设计

4. 表演服装

　　表演服装是指进行服装表演时穿用的服装。主办者的目的多为宣传服饰文化或纯属娱乐。既然是以服装为内容的表演,就要考虑到编排的顺序、节奏、呼应和整体的协调性,以及舞台和灯光对演出效果的影响。在保证演出效果的前提下,还应充分考虑降低成本、提高效率。所以,表演服装在面料、配饰和加工工艺选择等方面都要进行周密的成本核算。

5. 指定服装

　　指定服装是指根据客户的特殊需求而设计的服装。有些客户因市场销售的服装无法满足其特殊需求,因而要求专门设计。指定服装主要包括职业服、演出服和订制服。

　　职业服的设计需按照不同的工作性质和工作环境,以及工作中人们的身份进行分类设计。如生产一线的工作人员所穿的职业服,造型应较为宽松、干净、利落,重视功能性和安全性。机关事业单位和非生产一线的办公室人员所穿的职业服,造型应适体,庄重严谨,工艺精致,以沉着明朗的色调为主,可以不考虑流行而自成一派。餐饮娱乐等服务性行业的工作人员所穿的职业服,因行业差异较大而面貌各异。

　　总体来说,服务行业的职业服装造型简洁、轻松活泼;色彩以对比配色为主;局部设计新颖,注意服装与环境氛围的协调。军警、司法制服,造型挺拔、庄重、威严,职衔明确,强调严肃性和系列化。其色彩以纯度中等的常用色居多,这种制服的款式一般不会轻易更改。

　　演出服是装扮服装的一种,是舞台演出文艺节目时穿用的服装,注意舞台和远观效果,所以其造型夸张,色彩亮丽。

　　订制服是面对个别对象或某一团体设计的服装。如果针对个别对象,要尊重客户的心理需求,力求突出其独特气质,并给予合适的建议;如果针对团体,要在造型、色彩、面料、辅料、装饰细节、工艺手段等方面与客户详细沟通并确定设计,然后量体裁制,最大限度地保证客户的满意度。

【思考题】

1. 为何对服装进行分类?

2. 服装分类设计包含哪三个原则?

3. 服装廓形具体分成哪些类别?

4. 时装、成衣、高级女装有什么联系和区别?

5. 按照目的分类的服装设计有哪些?

第六章 服装的风格设计

知识目标

要求学生掌握服装风格设计的概念、种类等内容，深刻了解服装风格设计的内涵、服装风格划分方式以及服装风格的实现方式等，掌握不同类型的服装风格所表现出的特征对于服装风格的实现所产生的影响意义。

技能目标

要求学生通过服装的设计语言和要素在组合过程中所表现出来的艺术韵味，掌握不同的服装风格设计所表现出的差异性，让学生在进行服装设计的过程中，能够更为全面且准确地把握服装风格定位。

情感目标

通过课堂讲解和讨论，以案例方式呈现具体的服装风格设计类型，提高学生的学习兴趣，让学生体会不同服装风格设计所传达出的美感是不同的，让学生学会观察、理解、分析，并在服装风格设计上有更多创新。

第六章

服装的风格设计

思维导图

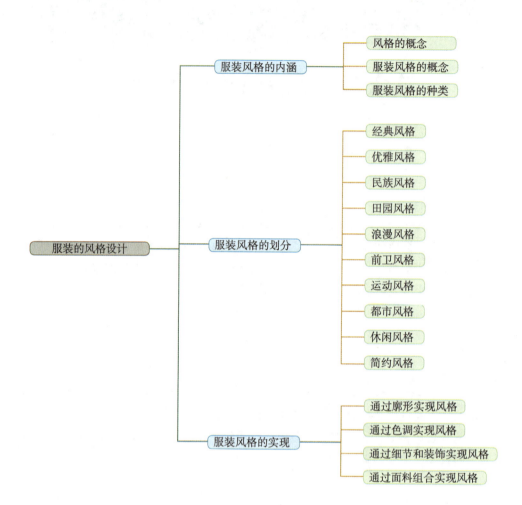

第一节 服装风格的内涵

一、风格的概念

风格有两层含义：一是指人在社会生活中的思想行为特点及个性表现特征；二是指艺术创作中设计师对艺术的独到见解和运用创作手法表现出来的作品面貌、特征倾向。艺术风格形成于设计师对事物的特别认识和把握，其中设计师的性格、生活经历、审美趣味等对风格的形成有很大影响。

二、服装风格的概念

服装风格是服装设计师设计思想和艺术素质在设计实践中的具体反映，并通过款式、造型、色彩、面料、工艺、着装方式体现出来。这些形成风格的载体借助设计师的完美构思，给人以视觉上和精神上的感染和震撼。这种感染和震撼正是服装设计的灵魂，它建立在设计师丰厚的文化积累、精深的美学修养、独特的审美视角、优秀的专业素质基础上。

三、服装风格的种类

服装风格可分为作品风格和产品风格。作品风格能较为强烈地反映出设计师的审美情趣、生活态度、文化修养、个人喜好、性格特征等；产品风格是服装产品体现的设计理念和流行风尚，是服装产品的设计定位。产品风格不同，适应的目标消费群体就不同，对市场的影响也不同。恰当的产品风格是产品取得成功的决定因素。

第二节 服装风格的划分

以下服装风格的划分是从产品风格的角度划分的。

一、经典风格

经典风格（图6-1）是指在服装发展过程中经得起推敲、耐人寻味、跨越流行时尚并对服装产生深远影响的设计风格。此种风格追求严谨和高雅、文静和含蓄的设计。例如西服套装，正统而高贵、儒雅又有气度，不仅面料质优，而且做工精细。例如Armani品牌服装，其服装很少受时尚的影响，追求服装的高品位，尽管每一季度款式有所改变，但风格基本不变。

二、优雅风格

优雅风格（图6-2）的服装强调精致感，外观与品质华丽，衣身合体，造型简洁，是女性追求高雅的首选格调。例如Chanel女装线条流畅，款式简洁，质料舒适，娴美优雅，塑造了女性的高贵形象。

图6-1 经典风格

图6-2 优雅风格

三、民族风格

民族风格（图6-3）是汲取民族、民俗服饰元素，蕴含复古气息的服装风格。世界各地各民族的文化习俗、传统信仰、生活方式等是民族风格服装产生的前提。民族风格的服装正是借鉴了各民族服装的款式、色彩、图案、装饰等，借助新材料与流行元素进行调整，并赋予其时代理念的崭新设计。民族风格追求天然韵味和自然情调，重视整体与局部的装饰效果，怀旧、别致且时尚。例如我国的唐装，从面料色彩到款型纹样，无不折射出浓郁的民族特色，是典型的中式风格。

四、田园风格

田园风格（图6-4）从广袤的大自然和悠闲的乡村生活中汲取创作灵感，用服装表现其恬静、超然的魅力，追求棉、麻面料和自然花卉图案的天然本色，廓形随意，线条舒展，找不到繁复的装饰，平静而质朴。

图6-3 民族风格

图6-4 田园风格

五、浪漫风格

浪漫风格（图6-5）的服装容易让人产生幻想，其造型奇特，色彩纯净，节奏感强，强调装饰，整体效果飘逸、朦胧、瑰丽。

六、前卫风格

前卫风格（图6-6）与经典风格相对立，其造型特征怪异，设计元素新潮，追求时尚另类，非主流且开放。前卫风格要求设计者和着装者都具有独特的审美追求、敏锐的审美洞察力，突破传统，标新立异。例如英国设计大师Vivienne . Westwood（维维安·韦斯特伍德）设计的服装怪异、反叛，他坚持性感就是时髦，风格独树一帜。

图6-5 浪漫风格

图6-6 前卫风格

七、运动风格

运动风格（图6-7）借鉴运动装的设计语言，较多地运用块面分割，廓形自然宽松，色彩丰富鲜明，风格轻松愉快，充满活力。

八、都市风格

近年来由于人们的生活方式、生存环境的改变，服装整体风格倾向于都市化（图6-8），这种风格的服装给人庄重、矜持、个性的感觉，款式简洁，线条利落，严谨中带有时尚，端正中渗透自信，与现代景观、生活节奏和都市文明相呼应。

图6-7 运动风格

图6-8 都市风格

九、休闲风格

与都市风格相对立，休闲风格（图6-9）反映人们希望从现代工业文明所带来的工业污染、环境破坏和紧张而快节奏的城市生活中解脱出来的心理，在穿着与视觉上追求轻松随意、舒适自然，使着装者感觉回归自然。休闲风格多使用自然元素，款式简单、搭配自由、色彩柔和，体现单纯、质朴、亲切的美感。

图6-9 休闲风格

十、简约风格

简约风格（图6-10）强调以简为美，符合现代人的审美标准和崇尚简约生活的心理。服装造型流畅自然，结构合体，没有烦琐装饰和多余的细节，却增加了服装的内涵和品位。部件设计少，面感强烈，色彩单纯，制作巧妙精致。

第二节　服装风格的划分

　　风格的称呼是比较抽象的,既有约定俗成的,也有设计者对设计定位的习惯用词,因人而异。除了以上几种风格的,还有华丽风格、严谨风格、复古风格、未来风格、军旅风格、松散风格、繁复风格、舒展风格、中性风格等(图6-11~图6-13)。服装的发展与社会文明的进步同步,不同时期有不同的风格。在一定时期受社会文化思潮、发展理念、政治和经济等综合因素的影响,某几种风格流行度高,便成为主流风格;另外一些风格追求个性化,便成为非主流风格。

图6-10　简约风格

图6-11　华丽风格

图6-12　复古风格

图6-13　军旅风格

105

第三节
服装风格的实现

服装风格是通过服装的设计语言和要素组合表现出来的艺术韵味，营造风格就是运用不同的理念传达美，是设计者、欣赏者和着装者对鲜明个性、精巧构思所产生的非凡视觉冲击和强烈心灵震撼的共同追求。

一、通过廓形实现风格

服装廓形是反映风格的主要要素，不同的廓形可以创造不同的审美体验，如用 X 形（图 6-14）、Y 形、A 形（图 6-15）创造经典；S 形（图 6-16）传递优雅；用 H 形（图 6-17）展示严谨、专业和简约；用 T 形（图 6-18）表达中性和运动；用 O 形（图 6-19）、方形展现随意与休闲；用三角形和倒梯形展现创意前卫；用 A 形、X 形展示华丽、浪漫。

图 6-14　X 形

图 6-15　A 形

图 6-16　S 形

图 6-17　H 形

图 6-18　T 形

图 6-19　O 形

二、通过色调实现风格

不同的色彩可以让人产生不同的视觉心理，色彩组合所产生的格调更不相同。服装的配色美可以强烈地吸引人的视线，进而传递情感。如藏蓝、酒红、墨绿、紫色等沉静高雅的古典色，通常创造经典；柔和、自然、成熟的灰色调显示优雅；鲜艳明亮的有彩色如红色、黄色、绿色以及无彩色中的白色具有运动风格，是轻快风格的象征；本白、栗色、咖啡色可创造自然田园的意境；金色、红色、亮黄、钴蓝、草绿给服装以华丽之感；浅芥绿、浅丁香、浅橘色、象牙白等颜色可以增加服装的浪漫格调。高纯度的色彩对比是民族风格的体现，明朗单纯的色彩常用于休闲、严谨、简约的风格设计。

三、通过细节和装饰实现风格

服装的细节造型和装饰手法是实现风格的构成要素之一。细节设计和装饰设计可以强调和烘托服装风格。经典风格（图6-20），从造型元素角度讲，多使用线造型和面造型，因为线、面造型规整，没有过多的分割；较少使用点造型和体造型，因为点造型容易破坏经典风格的简洁高雅；在细节上，如常规领形、直筒装袖、对称式门襟等较常用，采用局部装饰如佩戴领结、领花、礼帽等配件。

优雅风格（图6-21）可以使用点、线、面造型，较少使用体造型。面造型居多而且较为规整；线造型以规则的分割线和装饰线出现，衣身较合体，讲究廓形曲线；在细节上翻领、驳领较多，筒形装袖，对称门襟，用嵌线袋、无袋或小贴袋，风格简练华丽、朴素高雅。

图6-20　经典风格

图6-21　优雅风格

民族风格（图6-22）可以灵活运用各种造型元素，注意细节设计，常用一些特色元素，诸如中式对襟、精美的刺绣、精致的盘扣等，装饰工艺上讲究挑花、补花、相拼、抽纱、扎染、蜡染等，在少数民族服装中尤其重视头饰、颈饰、腰饰的搭配。

浪漫风格造型精致奇特，局部处理细腻，吊带、褶皱、各种边饰等最能表达浪漫格调。

前卫风格（图6-23）可以同时使用多种造型交错排列，不求规整，只求标新立异、反叛刺激，体造型居多，局部造型夸张、突出、无序，形态怪异；细节上衣领夸张，衣身不对称；结构线和装饰线错位，分割随意；袖身、袋形多变，装饰手法荒诞离奇，如毛边、破洞、磨旧、打补丁等。

图 6-22　民族风格　　　　　　　　　图 6-23　前卫风格

运动风格（图 6-24）以线、面造型为主，线造型多是圆润的弧线和直线，面造型多以拼接形式出现，点造型则以小的装饰图案和商标来体现；细节上圆领、V 领、普通翻领较多，多用直身宽松廓形；常用插肩袖，袖口紧小；对称门襟，拉链连接；装饰商标是运动风格服装的亮点。

休闲风格（图 6-25）用点、线、面、体造型均能实现，点可以是图案、装饰，线自然随意，面重叠交替，体作为局部处理，整体设计注重搭配。

简约风格灵活地运用线、面造型，廓形呈直线，线条顺畅自然，装饰细节设计精细、巧妙，分割设计少而别致，部件布局别有韵味。

华丽风格多使用点造型与体造型结合的方式，线设计多变，装饰烦琐，部件复杂，要素对比夸张，节奏感强。

严谨风格的线、面造型较多，线形简练，以弧线为主，结构紧身合体，注意细部设计，款式精致。

繁复风格的服装强调使用点、线、体造型，风格复杂，局部设计烦琐，附件多，装饰丰富。

图 6-24　运动风格　　　　　　　　　图 6-25　休闲风格

四、通过面料组合实现风格

面料的材质、色调、造型对服装的风格都起着至关重要的作用。同一种面料因造型、色彩、工艺手法的不同，给人的印象也不同，不同的面料组合更是风格各异。

如经典风格的服装多选用彩色、单色或带有传统条纹和格子的精纺面料，质感饱满，塑形性好，可提升和保持服装的品质。

浪漫风格的服装多选用轻薄柔软、滑爽飘逸、悬垂性好且极具光感的面料，显得华美高贵。
前卫风格的服装多选用奇特新潮面料，面料越超前越刺激，效果越好。
运动风格的服装多选用弹性与舒适性较好的针织面料。
休闲风格的服装则采用天然面料中的棉、麻等，强调面料的肌理效果。
严谨风格的服装面料宜精致而富有弹性。
优雅风格的服装面料追求档次和精致。
都市风格的服装面料常选用精纺毛料。
舒展风格的服装面料柔软且悬垂性好。
松散风格的服装面料相对疏松粗糙等。

【思考题】

1. 风格的含义是什么？

2. 服装风格的含义是什么？

3. 服装风格具体划分为哪几种？

4. 服装廓形通常代表哪些审美体验？

5. 不同风格的服装其细节与面料分别有哪些特征？

第七章 服装设计的程序

  了解服装设计的过程，理解设计稿的两种类型，掌握品牌成衣的设计程序。

  能自主构思主题，懂得用完整型设计稿与简略型设计稿进行表达，并完成服装设计。

情感目标

  通过本章课程的学习，增长学生的见识，让学生能积极地参与教学活动，激发学生对服装设计的兴趣。

思维导图

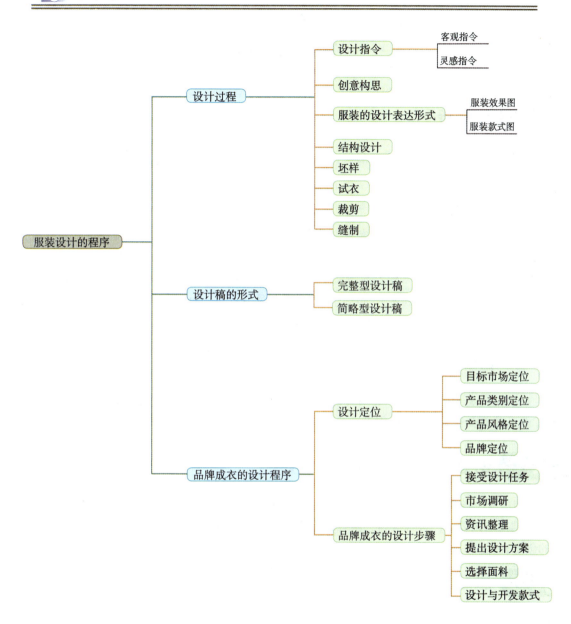

第七章
服装设计的程序

第一节 设计过程

一、设计指令

设计指令是指对设计的要求与启发,包括客观指令和灵感指令两个方面:

1. 客观指令

客观指令来源于服装对象的客观要求,如果是参加设计比赛,设计师需弄清比赛目的、主题思想、服装风格、各种规定以后,以各种形式表现自己的设计个性和设计意图,从设计、构图到表现技巧都要赋予新意和艺术感染力。色彩上注意画面与背景的搭配,构图上要协调规范,如果是为企业设计产品,还需弄清该产品的背景和风格倾向。如果是订制服装,需要面向对象,弄清其具体要求,包括种类、数量、面料、交货日期等。

2. 灵感指令

服装设计属于艺术创作,会因灵感突发引起创作欲望,从而产生设计。所以,有的设计师为了设计的需要会千方百计地寻找灵感,促进设计生成。

二、创意构思

在明确设计指令或找到设计灵感之后,设计师就开始酝酿、构思,搜索设计所需的造型、色彩、面料和结构工艺要求,合理取材、组合,生成模糊的意向并予以标记,认真筛选后,进行深入细致的创意表达。

三、服装的设计表达形式

1. 服装效果图

服装效果图是指结合人物造型来表现的、有真实穿着效果生动形象的设计图。可通过手绘或电脑辅助设计完成。

2. 服装款式图

服装款式图是指着重以平面图形特征表现的、含有细节说明的设计图。

四、结构设计

结构设计俗称打版，结构设计的目的是把三维的服装设计图转化成二维的平面裁剪图，以实现对面辅料的裁剪制作，相同的款式，由于打版时的平面裁剪方法不同，对设计效果的把握便不同，使得制作出来的服装效果也不一样。有经验的打版师会准确理解设计师的设计，并通过版型和后续制作把设计师的创意完美地呈现出来。

五、坯样

坯样是指为了确保样衣的质量，先用代用材料按照结构设计的结果试制出的初级样衣，以便发现结构设计中的不合理之处，易于修正。坯样主要用来确定服装立体状态的合理性和美观性。

六、试衣

坯样完成后，通过真人试穿或模特架试穿，验证着装效果和适体性，适体并与设计意图吻合时，才能进入下一步裁剪，否则，要重新修正再做坯样，因此，有的坯样使用假缝的方式，直到达到满意的效果为止。

七、裁剪

核准确认满意的坯样纸样，用于裁剪。裁剪前要对面料做准备处理，如预缩、清洁和表面处理等。裁剪中对可能修正的部位需放足缝份。

八、缝制

缝制就是按工艺设计的要求制作实样。实样的制作有严格的标准，以便为批量化生产提供技术参照指标。实样达到预期结果后，设计阶段结束，接下来是开展生产和销售等工作。

第二节 设计稿的形式

设计过程中的创意表达定稿后，可分为完整型设计稿和简略型设计稿两种。

 完整型设计稿

完整型设计稿是一种非常正规的设计稿，可用于求职、参赛、投标、执行设计任务等。完整型设计稿从构思、人物造型、着装效果、背面造型、细节表现和文字说明等方面均要求独特、巧妙、精细、直观。

构思是其第一步。构思就是要围绕设计指令展开大量丰富的奇思妙想，予以归纳和选择，落实在设计的草图里，经过反复斟酌推敲，抽象出最符合设计指令的创意，加以细化，直至定稿。

人物造型是指设计中为了表达服装设计效果而选择的模特造型，这里模特的动态和神态都要与服装的内涵和风格相呼应。如身着经典、优雅服装的模特，动态夸张是不合适的，让浪漫、飘逸的服装穿在较为拘谨的模特身上也不合适。不仅如此，还要注意画面的整体布局和协调性。

着装效果是指服装穿在模特身上后通过绘画技巧和方法所体现出来的服装的艺术效果，包括服装的内在美、动态美、面料的质感美。着装效果图的优劣是衡量设计师设计水准的重要指标。

背面造型的表达是二维空间服装正面效果的补充，背面造型一般画在效果图的边上，采用单线式即可，同样需传递视觉美感。

细节表现指在服装设计稿中需要加以强调的地方，设计稿是结构制图和加工工艺的依据，个别设计稿的局部设计较为细腻、丰富，针对这一细节，需局部放大处理，以清晰表达。

文字说明用以对设计效果图无法表达的部分进行补充说明，如设计主题、工艺要求、面料要求、尺寸规格、配色方案、面料小样提供等。文字说明以精练、明确、适当为标准。文字说明不应破坏画面的整体效果，要保证图稿的整体美。

总体来讲，完整型设计稿（图7-1）的画面上有5个部分，即着装效果图、背面造型、文字说明、面辅料小样和配色标识。

图7-1 完整型设计稿

第二节 设计稿的形式

二、简略型设计稿

简略型设计稿（图7-2）可分为两种：一种为设计构思草图；另一种为工厂使用设计。简略型设计稿是企业内部使用的设计稿，强调可读性、实用性和可操作性，因此设计稿要求清晰、规范、明确、具体，主要用来为生产提供技术依据。简略型设计稿的构思与完整型设计稿相同，只是艺术效果最大限度地简化。其款式图是平面造型图，以单线形式表现，正反面款式大小一致，服装各部位比例准确，没有着装效果。

简略型设计稿中的细节表现多以图示形式出现，细致而准确，直接用于打版和生产参考。由于组织生产的需要，简略型设计稿的文字说明部分非常详细，吊牌名称、款式、编号、规格、尺寸、面辅料样本等一一详尽列出，类似于生产订单。

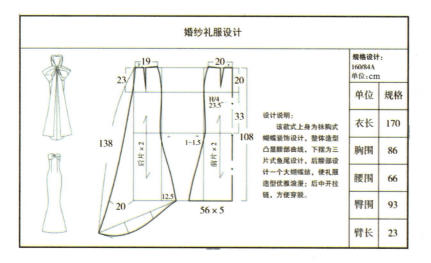

图7-2 简略型设计稿

第七章
服装设计的程序

第三节
品牌成衣的设计程序

　　成衣是按照一定型号、规格、尺寸批量生产，面向大众销售的服装。人们具有追求优良品质和卓越品位的消费意识，促使企业逐渐形成了各自的品牌经营理念，品牌设计成为品牌企业发展的核心。品牌企业在整个服装设计中首先要充分认识国际和国内服装市场，确立目标市场，确立品牌定位，然后实施品牌开发。

一、设计定位

　　对于品牌企业来说，强调的是商品意识，设计定位主要是寻找目标消费群体，设计师只有抓住了消费者的心理需求，才能把握市场，取得成功。

1. 目标市场定位

　　目标市场定位是指确定品牌所针对的消费者群体。服装的目标市场有很多切入点，围绕消费对象，可以因不同年龄、性别、性格、职业、收入、地区、民族、习俗、生活状态、穿着习惯等进行划分。其中，年龄层次、生活方式、消费观点、产品档次对目标市场影响较大，随着社会文明的进步、生活水平的改善以及着装观念的更新，人们的消费需求也发生了很多的变化。比如，原来服装因穿着者年龄的不同而差异较大，现代消费却明显地打破了这一界限；随着非工作性生活方式的流行，人们越来越偏好运动、轻便和休闲服装。这些都要求品牌企业对目标市场加以细化，以便于把握。

2. 产品类别定位

　　产品类别定位可使品牌服装明确主攻方向，明确每种产品在产品线中的地位。纵观许多国际著名服装品牌，几乎每一种品牌都有其主打产品和一些相对弱势的辅助产品，这与企业的发展背景和经营理念密切相关。品牌企业在产品类别定位时通常会确定主打产品和辅助产品的比例，主打产品是销售利润的主要来源，辅助产品多用于带动主打产品的销售。例如，商场会在冬季品牌产品的卖场里陈列内衣，意在给消费者留下完整的产品形象，进而带动冬季产品销售。

3. 产品风格定位

　　产品风格就是产品所表现出的设计理念和独特趣味，成功的品牌产品有其明显的风格特征，产品的风格特征决定消费对象的范围。服装在设计理念、消费理念的驱动下，因流行因素、设计元素和品牌定位的影响，同一风格可以被演绎为多种款型，使服装的内涵和外延不断变化，通常，品牌企业产品的风格一旦确定，就不能轻易更改，以免使消费者产生误解，减弱品牌的风格形象。成熟的品牌企业往往通过开发二线产品或副牌的方式，使其产品满足更多人的需要。

4. 品牌定位

品牌定位是品牌服装的市场定位，它包含品牌概念、品牌形象、目标市场、产品属性、产品品质和销售手段等内容。具有一定认知度和完整形象，并有一定商业信誉的产品系统和服务系统才能称为品牌，而且对于完整的品牌而言，其开发系统、生产系统、形象系统、营销系统、服务系统和管理系统都是基于品牌运作展开的。产品本身的形象、宣传形象、卖场形象和服务形象构成了品牌形象。品牌形象一旦被消费者认知，并被消费者接纳，品牌形象所产生的社会效应，便成了为企业带来利润空间的无形资产。品牌产品在质量信誉、销售方式上与非品牌产品有较大的差异。品牌产品可以依据主流和非主流或空位方式定位，主流产品跟随流行趋势，顺应市场，是市场的主导产品；非主流产品追求个性、另类，适于走中高档路线，能引导流行趋势；空位产品就是品牌企业力求寻找市场中风格和品种上的空档或空缺作为自己发展方向的产品。

二、品牌成衣的设计步骤

品牌产品依据市场和企业的具体情况，从构思到设计的完成有规范的程序，目的在于最大限度地实现产品的市场认知。

1. 接受设计任务

无论是服装公司还是设计师，在接受任务时，都要明确品牌风格、目标市场、产品类别、销售季节、营销环境以及设计任务的种类、数量、交付日期和责任等。

2. 市场调研

市场调研的目的就是弄清服装市场的系统，找准品牌的定位方向，为市场决策提供依据。市场调研可以采用观察法、统计法、问卷法，也可以直接询问调查对象，如销售系统的工作人员和消费者，调研的内容可根据具体的目的展开，如果是对服装现状调研，调研的方向是市场现状、流行趋势、市场格局、产品销售、价格、商场环境、产品在市场中所处的地位以及同行同档次竞争对手的状况。商场如战场，知己知彼，才能获胜。另外，市场调研还包括对设计要素的调研，如色彩、图案、造型设计的趋向、面料、缝制工艺等。只有在调研基础上实施的设计才能更好地把握市场动向。

3. 资讯整理

品牌企业运作中的资讯是指企业背景资料、市场调研资料以及国际国内最新流行导向的相关信息，如最新科技成果、最新面料、文化动态、艺术流派、流行色等。这些资讯是设计师进行设计的主要依据，设计师会依据信息的处理提出设计方案。

4. 提出设计方案

品牌企业的设计部门和设计师在了解企业现有生产和销售的情况后，根据品牌的目标市场定位、产品类别定位、产品风格定位和市场调查的结果，提出半年以后的产品设计方案，诸如设计的着眼点、设计的主题风格，以及与风格相协调的色彩、面料、造型等，通过各种概念图的形式来表达，并向公司的各个职能部门展示，经协商修改后审定。概念图包括设计的主题、色彩、创意，系列产品的配色选择，面料及其在系列产品中的搭配选择，造型设计的特征等（图7-3～图7-6）。

图7-3　主题概念

第三节 品牌成衣的设计程序

图 7-4　色彩概念

图 7-5　面料概念

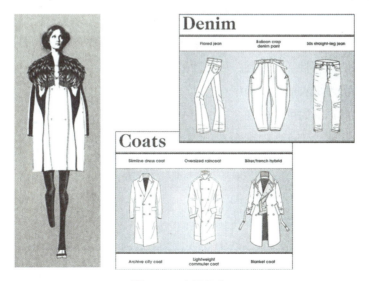

图 7-6　产品概念

119

第七章 服装设计的程序

5. 选择面料

面料是实现设计概念的物质前提，合适的面料是设计质量的保证。设计师在设计中需不断地寻找符合品牌定位的原材料，如果设计师在面料展示会上不能发现中意的面料，也可自行设计，寻找面料厂家为其加工。

6. 设计与开发款式

确定了设计方案以后，就开始进入产品的设计阶段，包括服装色彩系列设计、服装款式系列设计、服装纹样系列设计、服装面料组合设计、服装搭配组合设计和设计说明等。

首先，进行设计构思。设计构思的方法很多，如同形异构法、局部改进法、转移法、变更法、组合法、限定法、加减法、极限法、反对法、分离法、整体法、局部法等。

然后，绘制着装效果图和平面款式图，确定设计方案。由于市场和销售因素的影响，投入生产的服装常常由设计师或设计群体、企划主管、营销主管一起协商选定。

【思考题】

1. 设计的客观指令与灵感指令对设计构思的影响有哪些？

2. 分析完整型设计稿和简略型设计稿的异同。

【课后项目练习】

1. 自己构思一个主题并完成设计，分别用完整型设计稿与简略型设计稿表达；分组相互讨论，共同分析其整体效果、实用性、合理性、可行性。

2. 自己模拟一个品牌成衣的设计程序。

3. 分组讨论某品牌产品的可操作性。

第八章　系列服装设计

知识目标

理解系列服装设计概念及系列服装的设计条件，掌握系列服装的设计形式与设计方法，掌握系列服装的设计思路与相关步骤。

技能目标

能利用网络资源，查看、收集、了解服装资讯，并提取相关流行信息，能以题材（主题）、面料、廓形和色彩等形式设计系列女装和系列男装。

情感目标

通过本章课程的学习，增长学生的见识，让学生对系列服装设计有好奇心和求知欲，在学习过程中获得成功的体验。

第八章

系列服装设计

思维导图

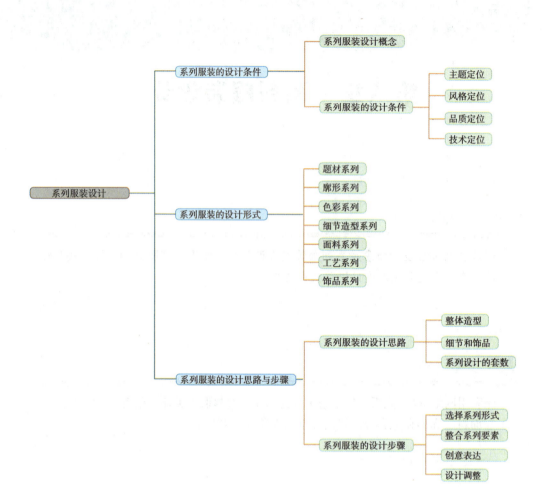

第一节 系列服装的设计条件

一、系列服装设计概念

服装设计是建立在款式、色彩、材料三大基础之上的。其中任何一方面相同而另外两方面不同，都能使服装产生协调统一感，进而形成不同的设计系列。因此在服装设计中，具有相同或者相似的元素，又有一定的次序和内部关联的设计便可形成系列。也就是说，系列服装设计的基本要求就是同一系列设计元素的组合具有关联性和秩序性。

在人类追求多元化生活的今天，系列服装设计不仅可以满足同一层次消费者的求异需求，而且可以满足不同层次消费者的求同需要。设计师在不同的主题设计中，从款式、色彩到面料，系统地进行系列产品设计，可以充分展示系列服装的多层内涵，充分表达品牌的主题形象、设计风格和设计理念，并且以整体系列形式出现的服装，从强调重复细节、循环变化中可以产生强烈的视觉冲击力，提升视觉感染效果。通过系列要素的组合，可使服装传递一种文化理念。

二、系列服装的设计条件

服装设计要循环 5W1P 原则，系列服装设计也不例外。此外，系列服装设计还要注重设计的主题、风格、品类、品质和技术定位。

1. 主题定位

服装设计的主题是服装的主要思想和内容，是服装精神内涵的体现。设计者通过设计元素对主题的表达和把握与欣赏者进行沟通与交流，使欣赏者读出其中的神韵，与之产生共鸣。设计有了主题，就有了明确的方向，围绕主题进行的设计元素的筛选、设计语言的提炼、设计内容的取舍等就都有了依据，因此，无论是实用服装设计还是创意服装设计，都离不开主题定位。

2. 风格定位

服装创意构思的第一步就是进行风格定位，如传统经典、优雅高贵、繁复华丽、简洁清纯、文静持重、活泼开朗、都市休闲、时尚前卫等。风格定位是系列服装设计的关键，应使主题鲜明，创意独特灵活，既要结合流行趋势有超前意识，又要在品位格调和细节变化上与众不同。

3. 品类定位

系列服装设计在主题定位和风格定位后，就要对产品定位以及对配搭产品的品种、系列产品的色调、装饰手段、选材和面料等进行选择，其原则是烘托主题、强调风格、力求完美。

4. 品质定位

在系列服装的主题、风格、品类定位后，就要对系列服装的品质期望做一个综合分析，以确定所选面料的档次和价位。品牌成衣系列服装的品质定位以提高品质与降低成本为主。

5. 技术定位

系列服装设计要考虑技术要求和现有条件的可行性，尽量选择工艺简单、容易出效果的加工制作技术。如创意系列设计，要在能实现的技术范围内发挥创造性；而实用系列设计，应简化工序，降低生产成本，提高市场竞争力。

第二节 系列服装的设计形式

系列服装多是在单品服装设计的基础上，巧妙地运用设计元素，从风格、主题、造型、材料、装饰工艺、功能等角度依赖美的形式法则，创意构思产品。通过款式特征、面料肌理、色彩配置、图案运用、装饰细节体现奢华、优雅、刺激、端庄、明快、自然等设计情调。系列服装可以通过同形异构法、整体法、局部法、反对法、组合法、变更法、移位法和加减法等形成不同的系列。

一、题材系列

题材系列就是主题系列，主题是服装设计的决定性因素，无论是创意服装的设计还是实用服装的设计，都是对主题的诠释和表达，是用造型要素、色彩搭配和材质选择为内容围绕主题进行的创作。单品服装设计者没有主题，就没有精神内涵和欣赏空间；系列服装设计者没有主题，就会杂乱无序。可见，主题是设计核心，如 2016 年汉帛奖以凝聚为主题进行的系列设计（图 8-1）。

图 8-1　汉帛奖以凝聚为主题的系列设计

二、廓形系列

廓形系列（图 8-2）是依据服装外部廓形的相似和内部细节变化衍生出的多种设计。外部廓形系列强调廓形具有的特征，内部细节变化丰富且有秩序和节奏感，服从于外廓造形，不能喧宾夺主，不能破坏系列设计的完整性。为突出系列性，还可在色彩和面料上进一步斟酌。

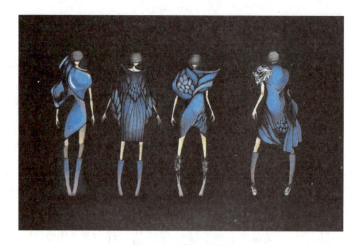

图 8-2　廓形系列

✂ 三、色彩系列

色彩系列（图 8-3）是以一组色彩作为系列服装的统一要素，通过运用纯度及明度的差异、渐变、重复、相同、类似等配置，追求形式上的变化和统一，其形式有如下四种：

① 通过单一色相实现统一的色相系列。如系列服装中的每一款都有相同明度和纯度的红色，即红色系列。

② 通过色彩明度实现统一的系列，或系列服装中的主色调通过明度变化支配着整个系列。如亮色系列、黑蓝色系列。

③ 通过色彩的纯度和含灰度支配的系列。如蓝紫系列。

④ 通过无色彩的黑、白、灰形成的系列。

色彩系列的服装由于色调的统一和造型与材质的随意变化，使整体系列表现出丰富的层次感和灵活性，但在以色彩为统一要素的系列设计中，色彩不可以太弱，以免削弱其系列特征。

图 8-3　色彩系列

四、细节造型系列

细节造型系列（图8-4）是把服装中的某些细节造型元素作为系列元素，使之成为整个服装系列的关联要素，通过某种或某群元素的相同、相近、大小、比例、颜色和位置的变化，使整个系列产生丰富的层次感和统一感。

图8-4 细节造型系列

五、面料系列

面料系列（图8-5）服装主要通过面料对比组合等方式，依靠面料特色，创造出强烈的视觉效果。或者依赖面料的较强个性和风格，或者依赖面料的肌理和二次造型，加上款式的变化和色彩的表现，使面料系列产生较强的视觉冲击力。

图8-5 面料系列

六、工艺系列

工艺系列（图8-6）是把特色工艺作为系列服装的关联要素，如镶边、嵌线、饰边、绣花、打褶、镂空、缉明线、装饰线、结构线、印染图案等，在多套服装中反复运用，而产生不同的系列感和统一美感，形成系列工艺、特色工艺或者是设计视点，再与服装的造型和色彩配合，从而表达出系列服装的设计特色和完美品质。

图8-6 工艺系列

七、饰品系列

饰品系列（图8-7）是通过对饰品的系列设计使服装产生系列感。饰品可以通过自身的美感与风格突出服装的风格与效果。通常通过饰品产生系列感的服装其造型较为简洁，饰品较为灵活、生动，具有变化、统一、对比、协调的视觉魅力。

图8-7 饰品系列

第三节 系列服装的设计思路与步骤

 一、系列服装的设计思路

系列服装设计是把设计从单品扩展为系列，多方位综合地表达设计构思。单品设计强调个体或单套美，系列设计则重视整个系列多套服装的层次感和统一美，简单来说，就是要充分挖掘围绕某一主题的设计元素并进行合理组合与搭配，形成多款设计，使之产生系列感、秩序感和协调感。系列服装的设计思路可以从以下几个方面展开：

 1. 整体造型

整体造型类似于服装设计中的整体法，以某一整体造型为原型进行拓展，开发出多款与之相关、相似的造型，形成系列。参观服装表演的服装设计爱好者会有这样的感觉，当其中某一款给他留下深刻印象时，就会设想在款型的基础上进行改造，使之更新颖、更完美，因此便可能形成新系列；或者试图在外形或款型更改不大的前提下对色彩加以调整，给人以新的感觉，进而形成新系列。

 2. 细节和饰品

在服装设计中，细节的变化最为繁复多样。设计中可以尽情地选择风格统一的要素进行重组、循环、衍生等变化，使之产生系列化的效果。如局部细节款型、图案、工艺、部件、镶拼等，都可以作为系列化设计的要素。用局部法创意出系列服装，最简单的做法就是相同元素通过位置改变或变形、不同元素通过加减组合，出现在不同的款型里，使不同的款型具有统一感和系列感。

饰品和细节有所不同，它不属于服装的构成部分，是服装的装饰、配搭、组成部分，饰品设计比细节设计更加灵活。饰品的不同组合可以产生不同的风格，拓展系列化设计的思维，增强系列设计的效果。

 3. 系列设计的套数

系列化服装设计最少是两套，一般是三套以上。小系列的设计空间大些，可以自由发挥；大系列的设计难度高些，受面料、造型、工艺的限制较多。因此，小系列款式宜复杂化，大系列款式宜简洁化。

二、系列服装的设计步骤

1. 选择系列形式

　　首先，确定要设计的系列是以风格、廓形、色彩、面料、工艺还是饰品形式中的哪一种为主题；然后，围绕主题选择设计语言，组织设计素材，开始创意构思。

2. 整合系列要素

　　设计师在服装系列设计过程中，要从艺术和审美的角度，对色彩、款式、造型等设计要素进行变化创造，追求新意。对结构、细节、工艺等进行合理取舍，以符合形式要求，彰显主题。对于品牌成衣来说，要考虑机械化生产的可能性。

3. 创意表达

　　所有系列要素，经模糊构思选定后，需进行系列服装的草图设计，设计除了要考虑主题、风格、形式等，还要力求创意新颖、构思独特、表达奇妙。

4. 设计调整

　　在完成系列服装设计的创意表达之后，设计师要认真检索每套服装间的相关性和协调性，以及细节设计、布局安排的合理性，进行调整、改进。
　　参赛服装的系列设计依据设计主题和任务的要求实施设计，完成设计即可。但对于品牌成衣来说，完成单一系列设计之后，还要考虑系列之间的搭配，这是品牌公司经营的策略，也是消费者的消费需求。首先，品牌公司经营的服装产品，其系列设计有时互相并列、不分主次，有时以某几个系列为主、以其他系列为辅，无论是主要系列产品间还是辅助系列产品间，甚至主副系列产品间，都涉及搭配问题。其次，消费者在认可某一品牌之后，当然希望自己所选的服装有更宽泛的搭配性，所以，在品牌成衣系列设计中，色彩、款型、结构、面料、工艺等设计要素的协调和风格的统一非常重要。

【思考题】

1. 简述系列服装的设计思路。

2. 简述系列服装的设计步骤。

【课后项目练习】

1. 以题材（主题）、面料、廓形和色彩等形式设计系列女装，要求用完整型设计稿表达，每个系列3~7款。

2. 以题材（主题）、面料、廓形和色彩等形式设计系列男装，要求用简略型设计稿表达，每个系列3~7款。